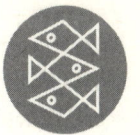

In seiner langjährigen Kolumne in der *Frankfurter Allgemeinen Sonntagszeitung* hat Ulf von Rauchhaupt 112 Grundstoffe beschrieben, aus denen die gesamte stoffliche Vielfalt der Welt zusammengesetzt ist. In diesem Buch hier sind nun alle Folgen versammelt: Auf vergnügliche Weise porträtiert er z.B. Stickstoff, Titan oder Neptunium, erläutert die chemischen Hintergründe und gibt Beispiele aus dem Alltag ihrer Anwendungen. Eine so lehrreiche wie spannende Lektüre, die nichts mit dem Chemieunterricht aus der Schule gemeinsam hat.

Ulf von Rauchhaupt, geb. 1964, studierte Physik und Philosophie und war von 1993 bis 1998 wissenschaftlicher Mitarbeiter am Max-Planck-Institut für Extraterrestrische Physik in Garching. Nach zwei Jahren als Research Fellow am Max-Planck-Institut für Wissenschaftsgeschichte in Berlin arbeitete er als wissenschaftlicher Mitarbeiter am Deutschen Museum in München. Seit 2001 ist er Redakteur bei der *Frankfurter Allgemeinen Zeitung*. Im Jahr 2002 erhielt er den Georg von Holtzbrinck Preis für Wissenschaftsjournalismus und 2006 den Journalistenpreis der Deutschen Mathematiker Vereinigung.

Unsere Adressen im Internet: *www.fischerverlage.de*
www.hochschule.fischerverlage.de

ULF VON RAUCHHAUPT

Die Ordnung der Stoffe

Ein Streifzug durch die Welt

der chemischen Elemente

Fischer Taschenbuch Verlag

Originalausgabe

Veröffentlicht im Fischer Taschenbuch Verlag,
einem Unternehmen der S. Fischer Verlag GmbH,

Frankfurt am Main, November 2009
© 2009 Fischer Taschenbuch Verlag in der
S. Fischer Verlag GmbH, Frankfurt am Main
Satz: pagina GmbH, Tübingen
Druck und Bindung: Druckerei C. H. Beck, Nördlingen
Printed in Germany
ISBN 978-3-596-18590-0

Für meine Mutter
in liebendem, dankbarem Gedenken

Inhalt

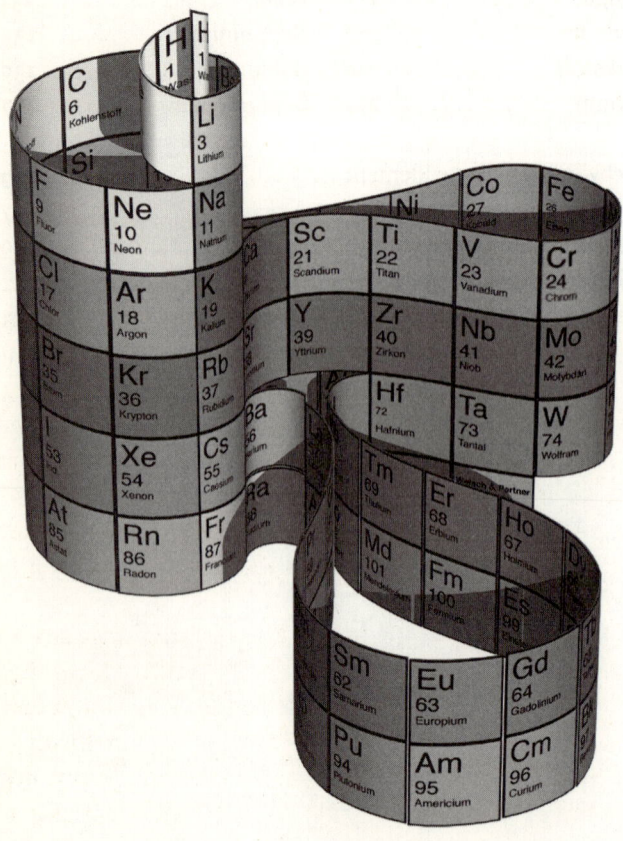

Vorwort

Nur etwa 100 Grundstoffe bilden die enorme Vielfalt der stofflichen Welt. Einigen begegnen wir fast überall, von anderen hören wir seltener.« Allwöchentlich leitete dieser Satz ab dem 6. November 2005 einen kleinen Artikel im Wissenschaftsteil der *Frankfurter Allgemeinen Sonntagszeitung* ein. Jeden Sonntag hatte ich dort Gelegenheit, einer Leidenschaft zu frönen, der ich als Schüler lange vor der ersten Chemiestunde verfallen war: dem Staunen über die bemerkenswert wenigen und zugleich so verschiedenen chemischen Elemente, aus denen die Welt um uns herum besteht: die bekannteren wie Sauerstoff oder Natrium – und erst recht die anderen.

Nicht zuletzt um diesen anderen etwas zu ihrem Recht zu verhelfen, stand dabei jedem Element – egal ob selten oder häufig, ob entlegen oder prominent – derselbe Platz von etwa 70 Zeitungszeilen zu. Das war vielleicht die größte Herausforderung, gibt es doch etwa über den Kohlenstoff oder das Eisen ganze Bibliotheken, während etwa Terbium oder Dysprosium auch in dickleibigen Chemielehrbüchern mit kaum einem Satz gewürdigt werden. Tatsächlich war es aber nur in wenigen Fällen ein

Problem, den vorgegebenen Platz zu füllen. Meist gab es gleich auf Anhieb wesentlich mehr zu bestaunen, als unterzubringen war.

Die Serie lief – abgesehen von einer mehrmonatigen Pause im Frühjahr 2006 – über mehr als drei Jahre und endete am 27. Juli 2008. Da hatten mich bereits viele Anfragen von Lesern erreicht, die sich eine gesammelte Publikation der Elementtexte wünschten. So kam es zu diesem Buch, in dem am Ende noch ein kleiner Essay über die Frage nach dem Wesen des materiell Elementaren aufgenommen ist, der die Serie seinerzeit abschloss.

Die einzelnen Elemente sind hier in genau der Reihenfolge abgedruckt, in der sie in der Sonntagszeitung erschienen sind – und hinter dieser Reihenfolge steht kein System. Abgesehen von dem allerersten und dem allerletzten Element erfolgte die Auswahl von Woche zu Woche. Zuweilen war sie von äußerlichen Anlässen geleitet, bevorstehenden Feiertagen etwa oder einer gerade zu Ende gegangenen Fußballweltmeisterschaft. Oft aber bestimmte lediglich die spontane Laune, was als Nächstes drankam – und das Bemühen, nicht mehrere engverwandte Elemente aufeinanderfolgen zu lassen.

Die gewissermaßen aleatorische Sequenz, die sich so ergab, wurde in diesem Buch unter anderem deswegen beibehalten, weil sowieso keine bestimmte eindimensionale Anordnung der Elemente ihrer eigentümlichen inneren Ordnung gerecht wird. Denn diese Ordnung ist mindestens zweidimensional, weswegen Chemiker die Elemente in einer Tabelle, dem berühmten Periodensystem, anordnen. Darin hat ein Element im Allgemeinen mehr als zwei Nachbarn, und die nächsten Verwandtschaften finden sich oft gerade nicht unter jenen Elementen, deren Hülle ein Elektron mehr oder weniger enthält. Welche Beziehungen es stattdessen gibt, das kann man nun wie in einem Chemiebuch systematisch studieren. Man kann aber auch, wie hier, einfach so von Element zu Element bummeln und die eigentümliche Ordnung der Stoffe selbst entdecken.

Die einzelnen Texte wurden für das Buch lediglich leicht überarbeitet und in einigen wenigen Fällen ergänzt, aktualisiert oder korrigiert. Auf die Bilder, welche die Zeitungsfassung stets begleiteten, musste die Buchausgabe leider verzichten. Schließlich ein Wort zur Schreibweise der Elementnamen. Sie entspricht der, die in allen deutschsprachigen Lehrbüchern und Nachschlagewerken der Chemie angewandt wird. In nichtwissenschaftlichen deutschen Texten, auch in Zeitungsartikeln, findet man dagegen bei einigen Elementen abweichende, phonetisch inspirierte Formen wie etwa Kalzium (für das Element Calcium). Sie werden hier nicht verwendet.

Bevor unser Spaziergang durch das Reich der Elemente beginnt, nur noch ein Wort des Dankes an alle, die mich in jenen drei Jahren mit Informationen und Literaturhinweisen über das eine oder andere Element versorgt haben, darunter Dr. Constantin Hoch (Max-Planck-Institut für Festkörperforschung, Stuttgart), Prof. Dr. Sigurd Hofmann (GSI Helmholtzzentrum für Schwerionenforschung, Darmstadt), Dr. Andreas Kronenberg (Oak Ridge National Laboratory), Dr. Joseph Magill (Institut für Transurane, Karlsruhe), Prof. Dr. Caroline Röhr (Universität Freiburg), Prof. Dr. Gary Schrobilgen (McMasters University, Hamilton, Kanada), Prof. Dr. Wolfgang Stoll (Hanau) und Dr. Achim Weiß (Max-Planck-Institut für Astrophysik, Garching).

Nicht zuletzt danke ich meinen Eltern, die mich in entscheidender Zeit mit meiner Leidenschaft für die Stoffe immer haben gewähren lassen – trotz aller, zuweilen durchaus berechtigten

Sicherheitsbedenken und gelegentlichen Geruchsbelästigungen. Ganz besonders denke ich dabei an meine liebe Mutter, die nur die ersten Folgen der Reihe noch miterleben konnte. Ihr ist dieses Buch gewidmet.

Bad Soden am Taunus im März 2009, UvR

Wasserstoff

Am Anfang war der Wasserstoff? Nicht ganz. Unmittelbar nach dem Urknall war das Universum zunächst von diversen Teilchen und Energiefeldern bevölkert, die sich dann erst zu Atomen zusammenfanden. Wasserstoff stellte dabei den Löwenanteil, doch alleine war er schon damals nicht.

Trotzdem ist das farblose Gas etwas Besonderes. Nicht nur, dass Wasserstoff chemisch gesehen eigentlich ein Metall ist (und sich unter hohem Druck, wie im Zentrum des Planeten Jupiter, vermutlich auch wie eines verhält). Er ist neben dem Kohlenstoff auch das wichtigste Ingrediens für organisches Leben. Wie der Name verrät, gäbe es ohne ihn jenes Allround-Lösungsmittel nicht, auf das alles Leben angewiesen ist. Viele Organismen fristen ihr Dasein heute noch im Wasser, die Vorfahren der Wale und Delphine sind sogar dorthin zurückgekehrt – und die Landlebewesen schleppen es in ihren Zellen mit sich herum.

Auch mit der Komplexität organischer Moleküle wäre es ohne den Wasserstoff nicht weit her. Bei der Atmung etwa wird die meiste Energie nicht einfach aus der Reaktion des aus der Nahrung stammenden Kohlenstoffs mit Sauerstoff gewonnen, sondern durch Oxidation des an Kohlenstoffketten gebundenen Wasserstoffs. Das ermöglicht eine effiziente Energiegewinnung in einer Art stiller Verbrennung. Effizient ist auch die Energie aus Wasserstoff in einer Brennstoffzelle. Ihr, und überhaupt dem Energieträger Wasserstoff, wird seit geraumer Zeit eine glänzende Zukunft prophezeit. Das Zeug dazu hätte er. Dass das Wasserstoffzeitalter noch immer auf sich warten lässt, hat mindestens so viele sozioökonomische Gründe wie technische.

Vornehmlich technische Gründe sind es freilich, die uns bislang die beste aller Wasserstoffwelten verwehrt: jene, in der die Menschheit es den Sternen gleichtut und Energie aus der Fusion von Wasserstoffkernen zu schwereren Elementen gewinnt. Immerhin: Kein Naturgesetz verbietet uns dies. Und die Naturgesetze waren noch vor dem Wasserstoff da. Sie stehen hinter dem Wasserstoff und seinen Elementgeschwistern und hinter der Frage, warum sie so sind und nicht anders. Sie sind daher im gewissen Sinne sogar realer als die Atome und alles, was aus ihnen besteht. Am Anfang war eben doch das Wort.

Blei

Blaue Bohnen« – das ist kein ganz taufrischer Ausdruck mehr. Konjunktur hatte er in einer Zeit, als Western noch nach der Tagesschau liefen und zu Fasching kein Junge ohne Spielzeugrevolver loszog. Besagte Bohnen sind aus Blei, dem schwersten aller stabilen Elemente. Sein Gewicht macht es zum Munitionsmaterial der Wahl – und das schon seit der Antike, wo es jedoch mit Schleudern verschossen wurde. Auch die Projektile, die der Fernsehpathologe Dr. Quincy aus Mordopfern pult, bestehen zu über 90 Prozent aus Blei.

Nun ist Blei giftig. Das kann Quincys Kunden zwar egal sein, aber nicht unbedingt den Liebhabern von Wildgerichten. Allerdings ist das erst seit jagdhistorisch kurzer Zeit ein Problem, genauer: seit man nur noch Superbenzin mit dem Antiklopfmittel Bleitetraethyl versetzt und auch das nur wenig. In dem Maße, in dem die Bleibelastung von Wald und Heide zurückging, wurde die Sekundärkontamination des Wildbrets durch Geschossblei »immer deutlicher und damit auch unerwünschter«, wie es in einer Fachpublikation heißt.

Tatsächlich verbietet das Jagdgesetz die Verwendung von

Bleischrot. Schrotmunition für die Kleintierjagd ist heute aus Weicheisen. Ob man auch Kugelmunition bleifrei halten sollte, ist umstritten. Es mangelt an Ersatzstoffen, die nicht noch toxischer sind und trotzdem die richtigen Eigenschaften haben. Neben hoher Dichte ist das vor allem die geringe Härte. Dadurch verformt sich ein Geschoss beim Aufprall und führt so mit größerer Sicherheit zum schnellen Tod des Tieres. Zudem erhöht es die Sicherheit für Jäger und Jagdhund, wenn der Schuss danebengeht und an einem Stein oder Baum abprallt – infolge ihrer Plastizität büßt eine Bleikugel dabei viel von ihrer Wucht ein. Und drittens hassen Waldarbeiter kaum etwas so sehr wie in Bäumen steckende Stahlgeschosse, die ihnen die Sägen ruinieren. Bleibt nur noch zu klären, warum die Bohnen blau sind. Das liegt weniger an der Farbe – an frischen Schnittflächen glänzt Blei tatsächlich bläulich –, sondern an dem indogermanischen Wortstamm »bhlei« für »schimmern, glänzen«, von dem sich das deutsche Wort Blei ableitet. Irgendjemand muss da mal »blau« verstanden haben – und die anderen fanden es komisch.

Xenon

Hätten Sie gerne mal eine etwas tiefere Stimme? Dann atmen Sie Xenon. Das Gas ist fünfmal schwerer als Luft und schwingt entsprechend träger im Kehlkopf. Nach dem Basssolo ist allerdings ein Kopfstand empfehlenswert, damit das – übrigens extrem teure – Edelgas wieder aus den Lungen strömt und der Atemluft Platz macht. Giftig ist Xenon nicht – aber narkotisierend. Das ist vermutlich ein rein physikalischer Effekt an bestimmten Botenstoff-Rezeptoren der Synapsen. Chemisch passiert da nichts. Denn Edelgase heißen so, weil sich ihre Atome zu fein sind, mit anderen anzubandeln.

Lange dachte man, chemische Verbindungen mit Edelgasatomen seien überhaupt unmöglich. Aber wenn man richtig gemein zu ihnen ist, tun sie's doch. 1962 gelang es, Xenon in eine Verbindung mit dem aggressiven Fluor zu zwingen. Xenon ist von allen stabilen Edelgasen am ehesten zu chemischen Reaktionen zu bewegen, weil es die meisten Elektronen hat. So sind die äußersten nicht ganz so fest gebunden. Diese Elektronen sind übrigens auch der Grund für den Einsatz des Gases in Lichtbogen-Autoscheinwerfern. Angeregte Xenonatome senden sichtbares Licht vieler verschiedener Wellenlängen aus. Bei hohem Gasdruck verschmieren die zu einem fast kontinuierlichen Spektrum, das dem von Tageslicht recht ähnlich ist.

Die hübschen Xenon-Fluorid-Kristalle von 1962 allerdings blieben eine Laborkuriosität ohne wirkliche technische Bedeutung. Erst recht andere Xenon-Verbindungen, von denen viele schon bei Berührung explodieren. Allerdings wurde Ende 2005 eine Forschungsarbeit publiziert, die nahelegt, dass Xenon sogar in freier Natur chemisch reagiert – nämlich im Inneren der Erde. Bei den dort herrschenden Drücken und Temperaturen, so haben Wissenschaftler in Laborversuchen festgestellt, reagiert Xenon offenbar mit Silikatmineralien.

Das könnte erklären, warum Xenon in der Erdatmosphäre (wie in der des Mars) so unerwartet selten ist: Anstatt unbehelligt auszugasen, fraternisiert es mit dem Gestein. Eine andere Erklärung wäre, dass es sich in Form von Körnchen im Zentrum des Planeten ansammelt. Denn unter den Bedingungen des unteren Erdmantels liegen Dichte und Schmelzpunkt des Xenons noch über denen des Eisens.

Kohlenstoff

In Reinkultur trifft ihn der fernbeheizte Großstadtmensch nur noch selten, und dann meist in archaischen Situationen wie Grillpartys oder fackelbeleuchteten Zapfenstreichen – oder wenn der Toaster falsch eingestellt war. Denn dann besteht das, was einmal eine Brotscheibe war, zu annähernd 90 Prozent aus elementarem Kohlenstoff. Hat man nun noch einen Diamanten zur Hand, kann man eines der größten Wunder der Natur bestaunen: Dieselbe Atomsorte bildet zwei völlig verschiedene Stoffe.

Zusammen mit anderen Elementen kann der Kohlenstoff noch viel mehr. Mit mehr als 15 Millionen bekannten Verbindungen (und praktisch unendlich vielen theoretisch möglichen) ist er das mit weitem Abstand vielseitigste Element überhaupt. Die Spannweite reicht von schlecht beleumundeten Gasen wie dem Kohlendioxid über sämtliche Biomoleküle bis hin zum härtesten natürlichen Material, eben dem Diamant.

Der tiefere Grund dieser Vielseitigkeit ist nicht nur, dass Kohlenstoffatome sich stabil an ihresgleichen ketten können – das können andere Elemente auch –, sondern dass sie es auf so verschiedene Weise können. Die beiden häufigsten begegnen uns wiederum im Diamant und im verkohlten Toast: Einmal sind es Einfachbindungen in vier Richtungen, ein andermal ist es jene Art Mehrfachbindung, die Kohlenstoffatome zu Sechserringen vereinigt, an denen dann sechsmal Wasserstoff oder alles Mögliche hängen kann.

Die Klasse dieser Ringmoleküle hat einen schönen Namen (»Aromate«), aber einen schlechten Ruf, obwohl sich auch recht leckere Sachen, etwa Vanillin, darunter befinden. Viele Aromaten sind aber doch eher unbekömmlich, zum Beispiel das einfachste, das Benzol. Im Fall verkohlter organischer Materie, wie bei unserem Toast, sind die Ringe oft zu größeren Netzen verschmolzen. Viele dieser sogenannten polyzyklischen aromatischen Kohlenwasserstoffe – etwa Benzpyren, das entsteht, wenn Fett von der Bratwurst in die Glut tropft – sind mit Sicherheit krebserregend. Sosehr man also angesichts von etwas Verkohltem über die Chemie des Lebens meditieren kann, sowenig sollte man anschließend hineinbeißen.

Zirconium

Am Tag des heiligen Nikolaus stellen heutzutage nicht nur Kinder erwartungsfroh ihr Schuhwerk vor die Tür. Allerdings sollten die Stiefelfüllungen eher bescheiden ausfallen. Man will für das Christfest ja noch Steigerungsmöglichkeiten offenhalten. Wie wäre es also zum Beispiel mit einem Zirkon für die Dame des Hauses? Immerhin sind die Klunker aus dem Silikat des Elementes Zirconium wahrhaftig durchs Feuer gegangen. Bei über 1000 Grad geglüht, verlieren Natur-Zirkone ihre Fehlfarben und funkeln wie Diamanten, sind aber viel billiger – Zirconium kommt in der Erdkruste schließlich häufiger vor als Nickel, Kupfer oder Zink.

Zudem sind Zirkone tatsächlich ewig – so ewig, wie auf Erden irgendwas sein kann. Die ältesten irdischen Festkörper sind Zirkone, die alle Zumutungen durch Erosion und Plattentektonik überstanden haben. Die ältesten, die man gefunden hat, stammen aus Australien und haben 4,35 Milliarden Jahre auf dem Buckel. Sie zeigen, dass die Erde bereits 200 Millionen Jahre nach ihrer Entstehung eine Kruste bildete.

Die Robustheit scheint das schmucke Silikat vom Zirconium

geerbt zu haben. Dem stahlartig glänzenden, im Reinzustand aber recht weichen Metall kann kaum eine Säure etwas anhaben, weswegen es in chemischen Fabrikanlagen Verwendung findet. Ebenfalls kaum kleinzukriegen ist Zirconiumdioxid. Für dieses Material interessierte sich bereits die Raumfahrtindustrie, wo es als Isolationsmaterial gegen die Gluthitze beim Wiedereintritt in die Erdatmosphäre in Frage kam. Inzwischen ist man davon wieder etwas abgekommen, denn oberhalb von 1000 Grad wandelt sich die Kristallstruktur von Zirconiumdioxid um, wobei die Dichte stark zunimmt und dabei den Werkstoff reißen lässt.

Doch eine Raumfahrtkarriere, und war sie auch kurz, adelt jedes Material. Im Falle des Zirconiumdioxids greifen auf diese Marketingmasche nun Hersteller von Zahnimplantaten aus der schneeweißen Substanz zurück – die dergleichen gar nicht nötig hätte, ist sie doch noch biegefester als das sonst dafür verwendete Metall Titan. Andererseits ist Raumfahren bekanntlich nichts für Habenichtse – und ein Zahnimplantat definitiv nichts für den Stiefel an Sankt Nikolaus.

Lithium

Die Beatles stritten einst ab, »Lucy in the Sky with Diamonds« sei eine verschlüsselte Hymne auf das Rauschgift LSD. Psychoaktive Substanzen zu besingen ist eben heikel. Eine hat es trotzdem in Songtexte geschafft: »Lithium Sunset« heißt etwa einer von Sting, und es gibt »Lithium« aus der Feder von Kurt Cobain.

Letzterer hätte Lithium vielleicht besser genommen (und ein paar andere Sachen besser nicht). Denn Cobains Tod durch Selbstmord war möglicherweise Folge einer unbehandelten manischen Depression. Dass Lithium dagegen hilft, ist erstaunlich. Substanzen, die auf die Seele wirken, sind sonst, siehe LSD, komplexe Moleküle. Lithium dagegen ist ein Element, und zwar das leichteste, das unter Normalbedingung kein Gas ist.

Wie genau die Lithium-Ionen im Gehirn für eine ausgeglichene Stimmung sorgen, ist noch nicht geklärt. Auch die Verträglichkeit von Lithium gilt als umstritten, was allerdings auch damit zusammenhängen dürfte, dass es als natürlich vorkommende Substanz nicht patentierbar ist und die Pharmaindustrie es daher gerne durch Selbstsynthetisiertes ersetzt sähe.

Eine Karriere, die das Leichtmetall schon beenden musste, war die als Zutat zu Limonaden wie »7-up«. Deren Rezeptur wurde 1950, nach dem Nachweis der psychogenen Wirkung des Lithiums, geändert. Breitenwirkung entfaltet es heute vor allem in Akkus von Laptops und Handys – die aber einmal durch Brennstoffzellen abgelöst werden könnten.

Dennoch hat Lithium seine ganz große Zeit vielleicht noch vor sich. Denn sollte es einmal gelingen, Energie aus kontrollierter Kernfusion zu gewinnen, dann ist das Isotop Lithium-6 (das im Natur-Lithium leider nur zu 7,5 Prozent enthalten ist) ein Rohstoff dafür – und nicht nur Wasser, wie gelegentlich behauptet wird. Denn aus Lithium-6 entsteht durch Neutronenbeschuss das instabile Wasserstoffisotop Tritium, und damit lassen sich Fusionsreaktionen eher bewerkstelligen als mit normalem Wasserstoff. Aus gleichem Grund ist Lithium auch eine Ingredienz von Wasserstoffbomben. Aber dieser Lithium-Karriere wünschen wir doch eher ein baldiges Ende.

Gold

Gewiss, es waren würdige Geburtstagsgeschenke, die die Weisen aus dem Morgenland brachten: Gold, Weihrauch und Myrrhe. Doch was sollte das kleine Jesuskind damit anfangen? Vor allem mit dem Gold? Tatsächlich ist das gelbe Metall zu wenig nutze. Keine zwanzig Prozent der Weltproduktion wandern heute in die Herstellung von Industriegütern.

Warum will es dann jeder haben? Erstens, weil es so komisch aussieht. Gold ist neben Kupfer das einzige intensiv farbige Metall. Der Grund dafür liegt übrigens in der Relativitätstheorie. Gälte sie nicht, würden die Elektronen in der Hülle der Goldatome in etwas anderen Konfigurationen umherschwirren und alles auftreffende Licht zurückwerfen. Gold ähnelte dann dem Silber und wäre vermutlich nur halb so interessant.

Zweitens ist Gold chemisch so ziemlich das unverwüstlichste aller Elemente – von den Edelgasen einmal abgesehen. Um es aufzulösen, muss man es schon mit einer Mischung aus Salpeter- und Salzsäure traktieren, mit Brom, Zyankali oder Quecksilber. Um seine mechanische Robustheit dagegen ist es weniger gut bestellt. Im Gegenteil, Gold ist Rekordhalter im Sichauswalzen-Lassen. Aus einem Gramm Gold kann man einen drei Kilometer langen Draht ziehen. Dieser Weichheit wegen ist Gebrauchsgold nie rein. Ein Ehering aus wirklich purem Gold würde beim ersten Händedruck verbiegen.

Der neben Farbe und chemischer Noblesse dritte Grund für die Popularität des Goldes ist natürlich, dass es so wenig davon gibt. Dieser Mangel machte es einst zur Leitwährung, was nicht immer gutging. Im ausgehenden Mittelalter etwa, als die europäischen Goldminen erschöpft waren, wurde Gold immer teurer. Es herrschte Deflation, etwas, das Ökonomen noch mehr fürchten als Inflation. Gold könnte so zu den großen Krisen des Spätmittelalters beigetragen haben. Als die spanischen Eroberungen in Südamerika den Goldpreis anschließend steil fallen ließen, war das aber auch wieder nicht recht. Währungen brauchen eben Stabilität, weswegen man heute von Goldstandards abgekommen ist.

Barium

Jedes Jahr in der Silvesternacht haben einige chemische Elemente ihre große Stunde, die sonst eher weniger von sich reden machen. Explodierende Feuerwerksraketen verdanken ihre Farben meist den Salzen bestimmter Metalle, deren Atome bei Hitze Licht charakteristischer Wellenlängen aussenden. So verbirgt sich hinter pyrotechnischem Grün häufig das Element Barium.

Mit Barium wurde auch schon im Namen der Wissenschaft gezündelt. Das Max-Planck-Institut für Extraterrestrische Physik (MPE) in Garching machte sich in den sechziger und siebziger Jahren unter anderem dadurch einen Namen, dass es Raketen mit Barium-Brandsätzen in die Hochatmosphäre und den erdnahen Weltraum schoss. Das Sonnenlicht ionisierte die dabei verdampften Bariumatome. Sie wurden also elektrisch geladen und gerieten so unter den Einfluss elektrischer und magnetischer Felder. Durch Beobachtung der – nun allerdings lila – leuchtenden Wolke von der Erde aus ließ sich auf diese Weise allerhand über die Felder dort oben in Erfahrung bringen.

Anders als in Feuerwerkskörpern, wo meist Bariumnitrat oder -chlorat zum Einsatz kommen, verwendeten die Forscher seinerzeit elementares Barium. Es ist ein in reiner Form silbern glänzendes, an Luft aber schnell korrodierendes sogenanntes Erdalkalimetall, und zwar das schwerste stabile Element dieser Gruppe. Daher auch sein Name: »Barys« ist das griechische Wort für »schwer«.

Damit ist es ein enger Verwandter des Calciums und Magnesiums. Während ein hoher Gehalt an diesen Elementen angeblich jedes Lebensmittel aufwertet, ist das mit Barium etwas anders. Seine Verbindungen sind giftig. Eine Ausnahme ist das Bariumsulfat, da es praktisch wasserunlöslich ist. Als Mineral »Baryt« oder »Schwerspat« ist dieses Sulfat die häufigste natürliche Bariumverbindung. Bestimmte Grünalgen enthalten in ihren Zellen winzige Schwerspatkristalle, mit denen sie die Richtung der Schwerkraft bestimmen, um daran ihr Wachstum auszurichten. So hat sich sogar das Leben des exotischen Schwermetalles bedient – lange vor den Forschern und den Feuerwerkern.

Cer

För Raucher ist der Winter eine harte Zeit. Verbannt auf Balkone und unter zugige Torbögen, sieht man sie dann wieder frieren. Noch härter wäre ihr Leben, gäbe es nicht das Cer und die Erfindung des Carl Auer Freiherrn von Welsbach (1858 bis 1929). Ohne die Idee des österreichischen Chemikers, die Entzündlichkeit metallischen Cers zur Funkenerzeugung auszunutzen, müssten ambulante Tabakkonsumenten noch heute bei Wind und Wetter Streichholz auf Streichholz entzünden.

So aber gibt es die Einwegfeuerzeuge. Jedes enthält ein kleines Stiftchen aus einer Cer-Eisen-Legierung, das gegen das mit dem Daumen zu betätigende Rädchen reibt. Die Reibung schmirgelt kleine Spänchen des Metalles ab und heizt sie auf, so dass sie sich entzünden und zu Ceroxid verbrennen. Mit Welsbachs »Feuerstein« zündelt es sich also viel leichter als mit dem Quarzmaterial gleichen Namens, aus dem bereits die Steinzeitmenschen Funken schlugen. Und wir verdanken ihn der besonderen Leidenschaft des Wiener Barons für die 17 Elemente der sogenannten Seltenen Erden. Die sind in Wahrheit gar nicht so selten. Das verbreitetste, eben das Cer, ist in der

Erdkruste häufiger als Blei oder Zinn. Ihre Bekanntheit hält sich allerdings in Grenzen. Außer in Feuerzeugen findet man Cer im Alltag höchstens noch als Oxid in der Beschichtung selbstreinigender Backöfen. Es befördert dort den Abbau organischer Reste bei hohen Temperaturen.

Vielleicht hörten wir mehr vom Cer, wäre es nicht so schwierig, es sauber von seinen Elementgeschwistern zu trennen, mit denen es in der Natur immer vergesellschaftet ist. Doch die Struktur der äußeren Elektronenhülle ihrer Atome ist bei den Elementen der Seltenen Erden fast identisch. Chemisch unterscheiden sie sich daher nur in Nuancen. Eine kann sogar der frierende Raucher bewundern, sofern sein Verbannungsort gut beleuchtet ist: Ist sein Feuerzeug schon etwas abgenutzt, erkennt man am Zündrädchen gelbliche Spuren von Ceroxid. Die Oxide der meisten anderen Seltenen Erden haben dagegen andere Farben.

Zink

Bei Schmuddelwetter finden sie besonders reißenden Absatz, die zitrusfarbenen Vitamin-C-Pillen zur Linderung oder gar Verhinderung von Erkältungen. Dumm nur, dass sich diese Wirkung wissenschaftlich nicht nachweisen lässt. Allenfalls verkürzt Vitamin C die Dauer eines Schnupfens – aber nur bei Leuten, die extremer Kälte oder harten Belastungen ausgesetzt sind.

Große Hoffnungen setzt so mancher auch auf Zink. Tatsächlich gab es 1996 eine Doppelblindstudie, der zufolge erhöhte Zinkzufuhr die Erkältungssymptome früher abklingen lässt. Leider konnten spätere Untersuchungen das nicht bestätigen. Andererseits schadet Zink auch nicht. Es ist ein essentielles Spurenelement, das in über 200 Enzymen enthalten ist. Zinkmangel führt unter anderem zu verzögerter Wundheilung – und bei Kindern zu Störungen des Immunsystems.

Anders als bei anderen wichtigen Spurenelementen, etwa dem Kupfer, sind Zinksalze meist auch in hohen Dosen ungiftig. In großen Mengen können sie höchstens zu Verätzungen führen – ein Effekt, der manchmal durchaus erwünscht ist.

So bildet Zinkoxid mit Wundsekreten adstringierende und antiseptische Salze und findet sich daher in Salben für herpesgeplagte Lippen oder wunde Baby-Popos. Daneben dient das weiße Oxid auch als Farbpigment. Und es ist ein Halbleitermaterial mit interessanten Eigenschaften. So wurden schon erste blaue Leuchtdioden aus Zinkoxid vorgestellt.

Andere sympathische Zinkverbindungen entstehen in feuchter Luft auf metallischem Zink. Dabei bilden Hydroxide mit Karbonaten, Sulfaten oder Chloriden widerstandsfähige, aber unsichtbare Filme, die das Metall vor weiterer Korrosion schützen. Daher lassen sich eiserne Eimer, Kannen oder Nägel durch Verzinken vor dem Rosten schützen. Allerdings: Säuren oder Laugen lösen den Salzfilm und dann auch das Metall auf. Daher sollte man besser keine Salate in verzinkten Schüsseln anmachen: Die riesigen Zinkmengen, die man sich dadurch einverleiben würde, vertreiben den Schnupfen auch nicht – aber sie rufen vorübergehend akute Übelkeit hervor.

Plutonium

An einigen Elementen ist wirklich nichts auszusetzen – etwa an dem eben vorgestellten Zink: das schützt, heilt, und allenfalls in Dosen, in denen man nun mal keine Metalle zu sich nimmt, führt es zu Unpässlichkeit. Ganz anders das Plutonium. Unter den Elementen hat das silberweiße Metall den mit Abstand schlechtesten Ruf. Alle seine Isotope sind radioaktiv, Pu-238 so sehr, dass es sich in Reinform bis zur Weißglut erhitzt. Im menschlichen Körper führt Plutonium schon in Mengen von Millionstel Gramm zu tödlichen Strahlenschäden. Es gilt als einer der giftigsten Stoffe überhaupt.

Und mit Plutonium kann man Atombomben bauen. Das spaltbare Pu-239 lässt sich in Kernreaktoren aus Uran erbrüten. Das konnten sich die Physiker ausrechnen, noch bevor 1942 die ersten wägbaren Mengen Plutonium isoliert waren. Im Jahr 2005 wurde der Entwurf einer Patentschrift wiederentdeckt, in welcher der später als Philosoph und Friedensaktivist berühmt gewordene Physiker Carl Friedrich von Weizsäcker im Jahr 1941 die waffentechnische Verwendung von »Element 94«, wie es dort heißt, erwog. Zum Glück haben die Deutschen damals keinen Reaktor wirklich zum Laufen gebracht. Die Amerikaner hingegen bauten sowohl eine Uran- als auch eine Plutonium-bombe und zerstörten mit dieser 1945 die Stadt Nagasaki. Bis heute ist Pu-239 bei etablierten Nuklearmächten populär – für Kernwaffen-Anfänger wie den Iran sind Uranbomben aller-dings einfacher zu realisieren. Waffentauglichkeit und Toxi-zität stehen denn auch einer zivilen »Plutoniumwirtschaft« im Wege, bei der das Element aus abgebrannten Kernbrennstäben zu neuem Spaltstoff aufgearbeitet wird.

Nur in einer Form ist Plutonium leidlich handhabbar: Sein Dioxid ist ein unlöslicher keramikartiger Stoff, der nicht so ein-fach in kleine inkorporierbare Partikel zerbricht. In dieser Form haben Raumsonden zu den äußeren Planeten Plutonium-238 an Bord. Seine Zerfallshitze versorgt die Geräte über Thermo-elemente mit elektrischer Energie – zum Beispiel eine Sonde, die im Jahre 2015 den sonnenfernen Pluto erreicht – jenen Him-melskörper, von dem das Element seinen Namen hat.

Eisen

Das Kostbarste, was man Tutanchamun um das Jahr 1325 v. Chr. ins Grab legte, war nicht aus Gold oder Lapislazuli. Es war eine Klinge aus Eisen. Das »feste Metall«, so die Bedeutung des gotischen Wortes »isarn«, findet sich in Ägypten zwar schon in viel älteren Gräbern. Man gewann es aus extrem seltenen Meteoriten. Das Material für die Klinge des jungen Pharao hätte aber auch aus dem Hethiterreich stammen können. Dort wurde die Verhüttung des unedlen Schwermetalls um 1400 v. Chr. entdeckt – und blieb ein streng gehütetes Rüstungsgeheimnis.

Nach dem Untergang der Hethiter zweihundert Jahre später kam es dann zur weltweiten Proliferation. Heute beruht unsere gesamte Zivilisation auf diesem Element, dessen Eigenschaften sich durch Wärmebehandlung und Zulegierung anderer Elemente verändern lassen wie bei keinem anderen Metall. Etwa 1800 verschiedene Eisensorten gibt es. Am häufigsten begegnet es uns als Stahl. Der ist nichts weiter als Eisen, das von dem Koks, der dem Eisenerz im Hochofen den Sauerstoff entzieht, einen Kohlenstoffanteil von weniger als 2,1 Prozent behalten hat. Mehr Kohlenstoff macht Eisen spröde.

Überhaupt leben wir auf einer Welt aus Eisen. Es ist das häufigste Element der Erde – wobei sich das meiste allerdings im Inneren des Planeten verbirgt. Durch eine Gnade der Natur hat ausgerechnet dieses Allerweltselement eine kuriose Eigenschaft: Eisenatome können, je nach chemischem Umfeld, Elektronen abgeben oder aufnehmen. Und auf diesem Wertigkeitswechsel beruht die Rolle des Eisens in so manchen lebenswichtigen Biomolekülen.

Sollte es auf anderen Planeten Leben geben, wäre es daher nicht verwunderlich, wenn dessen Stoffwechsel sich ebenfalls des Eisens bediente. Denn Eisen ist auch eines der häufigsten Elemente im Universum. Das liegt daran, dass das Isotop Eisen-56 das schwerste ist, das noch mit Energiegewinn aus der Verschmelzung leichterer Kerne, wie sie im Inneren von Sternen ablaufen, gebildet werden kann. Die Synthese schwererer Nuklide schluckt Energie, statt welche freizusetzen – und geschieht damit seltener. In ferner, sehr ferner Zukunft, wenn alle Sterne verloschen sind, wird daher das ganze Universum vor allem aus Eisen bestehen.

Californium

Spätestens seit der Ausbreitung des Ackerbaus bastelt der Mensch mit an der Schöpfung herum. Waren es zunächst nur Getreidesorten oder Hunderassen, eröffneten ihm die Naturwissenschaften schließlich Wege, auch die Welt der Stoffe mit mehr oder weniger intelligenten Produkten zu bereichern. Neben Hunderttausenden von organischen Verbindungen vom PVC bis LSD sind das seit den vierziger Jahren auch künstlich hergestellte Elemente, etwa das Californium.

Es wurde zum ersten Mal 1950 durch Beschuss des ebenfalls künstlichen Curiums mit Heliumkernen erzeugt, und zwar mit einem Beschleuniger der University of California, was den Namen erklärt. Vermutlich waren das aber nicht die allerersten Californiumkerne überhaupt; in Supernovaexplosionen dürften immer mal wieder welche entstanden sein, um sogleich wieder zu vergehen. Denn Californium ist instabil, sein langlebigstes Isotop, Cf-251, hat eine Halbwertszeit von gerade mal 898 Jahren, sein Nachbarisotop Cf-252 nur noch von 2,6 Jahren. Letzteres ist damit das schwerste Isotop, dessen Lebensdauer sich noch in Jahren bemisst – und auch das schwerste, das eine gewisse technische Bedeutung hat. Denn beim Zerfall von Cf-252 entstehen mit einer bestimmten Wahrscheinlichkeit Neutronen. Mit diesen elektrisch neutralen Kernteilchen lassen sich Schweißnähte untersuchen oder Tumore bestrahlen. Freie Neutronen treten auf der Erde in großer Zahl nur in kerntechnischen Anlagen auf – zum Glück, denn sie gehören zu den gefährlichsten Strahlenteilchen überhaupt. Mit Californium-252 nun lassen sich tragbare Neutronenquellen bauen. Allerdings enthalten sie nur einige Mikrogramm des Elements in kiloschweren Schutzbehältern.

Die schwierige Herstellung und Handhabbarkeit des silberglänzenden Metalls oder seiner meist grünen Verbindungen haben aber auch ihr Gutes: So dürfte kaum jemand auf die Idee kommen, einen zwei Kilo schweren Californiumklumpen herzustellen. Denn damit ließe sich eine Atombombe von der Größe einer Handgranate bauen.

Silber

Edelmetall ist nicht gleich Edelmetall. Olympiasieger wissen das, aber auch Verfasser alter Benimmbücher, derentwegen manchmal heute noch schief angesehen wird, wer sein Frühstücksei mit dem Messer köpft. Denn die Messer waren in alter Zeit häufig aus Silber. Das aber reagiert recht unedel, wenn es zugleich mit Sauerstoff und dem auch in nicht faulen Eiern anwesenden Schwefelwasserstoff in Berührung kommt.

Das Resultat ist Silbersulfid. Es schmeckt und riecht unangenehm metallisch, vor allem aber ist es schwarz. Damit scheint es das genaue Gegenteil des weißglänzenden Silbers. Das ist im frischen Zustand das Metall mit dem höchsten Reflexionsvermögen (und mit der besten Leitfähigkeit für Wärme und elektrischen Strom). Silberkörner allerdings erscheinen mit abnehmender Größe immer dunkler. Als Pulver schließlich ist Silber praktisch schwarz – genau darauf beruht ja die gute alte Schwarzweißfotografie, bei der lichtempfindliche Silberbromidkörnchen belichtet werden, so dass sie bei der Entwicklung feine Partikel elementaren Silbers abspalten.

Zu lichtbedingter Schwärzung kommt es auch bei Menschen,

die über lange Zeit Silberverbindungen eingenommen haben. Bei dieser sogenannten Argyrie färben sich insbesondere licht-exponierte Hautpartien durch Einlagerung von Silbersulfid grauschwarz – und zwar lebenslänglich. Für die Betroffenen ist das vor allem ein kosmetisches Problem, denn giftig ist Silber für den Menschen nur in extremen Mengen. Als »E 174« ist das Element sogar als Lebensmittelfarbstoff zugelassen.

Bakterien allerdings vertragen Silber gar nicht gut. Daher fin-den sich seine Verbindungen auch in Wundmedikamenten und in den berühmten Tabletten zur Aufbereitung von Trinkwas-ser, die allerdings nichts gegen höhere Einzeller (wie den Er-reger der Amöbenruhr) ausrichten. Ohnehin empfiehlt es sich nicht, beim nächsten Südostasien-Trekkingurlaub monatelang nur silberbehandeltes Wasser zu trinken. Man könnte sich am Ende schwarzärgern.

Ytterbium

Die größte Ehre, die einem widerfahren kann, ist wohl die, Namenspate eines chemischen Elements zu werden. Exklusiver geht es nicht. Straßennamen sind austauschbar oder lassen sich durch Teilung vermehren, wie im Fall des Münchner Franz-Josef-Strauß-Rings. Schulen und Schiffe gibt es immer wieder neue. Der Kreis der Elemente dagegen lässt sich nur unter großen Schwierigkeiten erweitern – und die Neuzugänge sind extrem kurzlebig und ohne jede Chance, ihre Namenspatrone durch praktischen Nutzen in Erinnerung zu halten.

Damit tut sich allerdings auch das stabile Element Ytterbium schwer, benannt nach dem Dorf Ytterby auf der Halbinsel Resarö bei Stockholm. Fast hätte es allerdings »Aldebaranium« geheißen, denn Carl Auer von Welsbach, der das reine Metall mit als Erster isolierte, wollte es nach dem roten Riesenstern Aldebaran im Sternbild Stier benennen, zog dann aber gegen seinen französischen Kollegen Georges Urbain den Kürzeren. Doch die exotische Benennung täuscht: Ytterbium ist in der Erdkruste häufiger als etwa Uran. Für das weiche graue Metall aus der Gruppe der sogenannten Seltenen-Erden-Elemente gebe es »zurzeit keine technische Verwendung«, entnimmt man einem Chemie-Kompendium aus dem Jahre 1999. Ein Physikbuch hätte vielleicht vermerkt, dass sich radioaktives Ytterbium-169 in portablen Röntgengeräten findet, mit denen sich beispielsweise Schweißnähte auf Risse untersuchen lassen, oder dass die gläsernen Herzstücke bestimmter Lasertypen mit Ytterbium-Atomen geimpft sind. Im Jahr 2003 entdeckten amerikanische Forscher eine Legierung aus Ytterbium, Gallium und Germanium mit der Eigenschaft, sich bei Abkühlung oder Erwärmung praktisch nicht auszudehnen beziehungsweise zusammenzuziehen, und zwar in einem Bereich zwischen minus 170 und plus 130 Grad Celsius. Dergleichen interessiert Raumfahrtingenieure.

Insgesamt aber muss man schon sagen, dass unsere Zivilisation auch ohne das Ytterbium ganz gut zurechtkäme. Für das schwedische Dörfchen Ytterby bleibt der Trost, dass nach ihm – dank eines nahe gelegenen exotischen Mineralvorkommens – noch drei weitere Elemente benannt sind, nämlich Yttrium, Terbium und Erbium. Das sind zwar auch alles keine Stars, aber so ist die Wahrscheinlichkeit vielleicht nicht ganz verschwindend, dass eines davon einmal das chemische Kuriositätenkabinett verlässt und Ytterbys Ruhm auf den Kurszetteln der Rohstoffmärkte verkündet.

Iod

Im Deutschen werden Wörter mit Migrationshintergrund zuweilen Opfer der sogenannten orthographischen Assimilierung. Die hat etwa aus dem Element Iod (von griechisch »ioeidēs« für »veilchenfarben«) früh ein »Jod« gemacht. Zum Glück muss man sich nicht daran halten, denn die wissenschaftliche Schreibweise lautet, auch im Deutschen, »Iod«. Trotz der ehrwürdigen Abkunft des Namens – Homer besang damit das »veilchenfarbene Meer« – waren die schwarzen Kristalle, die beim Erhitzen blauviolette Dämpfe abgeben, den alten Griechen noch unbekannt. Allerdings, die Folgen von Iodmangel wusste man bereits um 1500 v. Chr. zu kurieren: Kropfkranken verschrieb man Asche von Meerschwämmen.

Tatsächlich reichert sich das schwere Element im Meer an und dort besonders in Schwämmen und Algen, die bis zu 19 Gramm Iod pro Kilo Trockengewicht enthalten. Manche Böden, etwa in ehemaligen Gletscherregionen der Alpen, sind dagegen ausgesprochen arm an Iod. Dort empfiehlt sich, das Spurenelement der Nahrung zuzusetzen. Denn es ist in den Hormonen Thyroxin und Triiodthyronin enthalten, in welche die Schilddrüse Iod aus der Nahrung einbaut. Ist dort zu wenig drin, schwillt die Drüse an, um die Hormonpegel zu halten – es bildet sich ein Kropf.

In höheren Dosen ist natürlich auch Iod ungesund. Ganz und gar nicht vertragen es Bakterien und Pilze, daher seine Verwendung in Tinkturen zur Wunddesinfektion. Wenn diese Lösungen elementaren Iods heute zunehmend durch Iodverbindungen ersetzt werden, dann liegt das nicht nur daran, dass sich mit dem elementaren Stoff explosive Versuche anstellen lassen, wenn man es mit einer anderen Haushalts-Chemikalie versetzt (welche, das wollen wir aus Gründen des Jugendschutzes verschweigen). Vielmehr ist der Wirkstoff in diesen »Iodophoren« auch weniger toxisch, allergisierend, korrosiv und hautverfärbend. In dieser Form lässt sich Iod auch anstelle von Chlor zur Desinfektion von Schwimmbädern einsetzen. Allerdings nur in Verbindung mit einem Gift gegen Algen, denn die lieben das veilchenfarbene Element.

Francium

Die Zeit zwischen den Napoleonischen Kriegen und dem Ende der Sowjetunion war die Epoche der Nationalstaaten. Ihr verdanken wir ja nicht nur Schlechtes, sondern auch bunte Flaggen, klingende Hymnen, aggressionssublimierende Sportwettkämpfe – und etliche national motivierte Elementnamen. Beim Francium allerdings hatte schon die Entdeckung durchaus Züge eines internationalen Wettkampfes. Gesucht war ein neues Element mit 87 Elektronen in der Hülle seiner Atome, von denen eines besonders leicht herauszulösen ist und ihm daher ein dem Natrium oder Kalium vergleichbares chemisches und physikalisches Verhalten verleiht. Dass es solch ein Element geben musste, folgte aus dem 1871 aufgestellten periodischen System der Elemente.

Britische Forscher glaubten 1926 als Erste, fündig geworden und so zur Benennung berechtigt zu sein. Sie wählten den Namen »Alkalinium«. Drei Jahre später verkündeten Amerikaner die Entdeckung von »Virginium«, und 1937 meinte ein rumänischer Chemiker mit »Moldavium« das ersehnte Element gefunden zu haben. Sie hatten sich alle geirrt.

Das Rennen machte Frankreich, genauer gesagt Marguerite Perey aus dem Labor der Madame Curie. Es war aber nicht das lose Elektron, durch das sich ihr das Element 1939 offenbarte, sondern seine Radioaktivität. Francium entsteht in der Natur über Zwischenschritte aus dem Zerfall von Uran, zerfällt aber selber schon binnen Stunden weiter. Es kommt daher nur in winzigsten Mengen vor – die gesamte Erdkruste dürfte nicht mehr als 30 Gramm zugleich enthalten – und wurde daher nie in wägbaren Mengen isoliert. Die lange gesuchten Signale seines Hüllenelektrons zeigten sich erst 1978 am Forschungszentrum Cern in Genf.

Dennoch ist es amerikanischen Forschern 1997 gelungen, Franciumatome zu knipsen. Sie mussten sie allerdings selber herstellen – durch Beschuss von Gold mit Sauerstoffkernen – und anschließend in einem Käfig aus Magnetfeldern und Laserstrahlen speichern. Richtig zu sehen ist auf den Bildern aber nur etwas, wenn man sie am Computer künstlich einfärbt. Und mit etwas Phantasie kann man auf diesen Bildern den etwa einen Millimeter großen Klumpen Francium-Gas auch als rot-weiß-blaue Kokarde sehen.

Schwefel

Im Periodensystem der chemischen Elemente – jener bunten Tabelle, die in den Schulen einschlägige Säle ziert – haben übereinanderstehende Stoffe ähnliche Eigenschaften. Manchmal kann einen dieser Lehrsatz nur wundern. Da steht beispielsweise in der dritten Spalte von rechts der Sauerstoff: ein klares Gas, Inbegriff von Reinheit und Frische, das mit Wasserstoff jenes köstliche Nass bildet, das Freibäder füllt und Apfelwein trinkbar macht. Und direkt darunter? Der Schwefel.

Die gelben Kristalle, deren Schmelzen und Dämpfe beim Erhitzen lustige Farbeffekte zeigen, haben von jeher einen schlechten Ruf. Der entsprang wohl der phantasievollen Volksfrömmigkeit des Spätmittelalters und der frühen Neuzeit, als man sich die Hölle gerne als stinkenden Schwefelpfuhl vorstellte. Vermutlich ließ man sich dabei von den vulkanischen Gefilden Italiens anregen, wo Schwefeldioxid (SO_2) und Schwefelwasserstoff (H_2S) der Erde entströmen und, wenn sie miteinander reagieren, das gelbe Element abscheiden. Tatsächlich sind diese beiden Gase ausgesprochen unbekömmlich. SO_2 verbindet sich mit Wasser zu Säure, und H_2S – immerhin das periodensystematische Analogon zum Wasser – riecht nicht nur übel nach faulen Eiern, es ist auch genauso giftig wie Blausäure.

Elementarer Schwefel dagegen ist ungiftig, er wirkt lediglich etwas abführend. Und seinen »Höllengeruch« verströmt er nur, wenn man ihn zu SO_2 verbrennt. Überhaupt ist der Schwefel in Verbindungen olfaktorisch weniger zurückhaltend denn als Element. Wenn in der Natur etwas streng riecht, stecken nicht selten Schwefelverbindungen dahinter – ob im Sekret der Stinktiere oder unseren Ausdünstungen nach übermäßigem Knoblauchgenuss. Allerdings sind Letztere nur Abbauprodukte jener so geschätzten Inhaltsstoffe, die manch einer in Hoffnung auf ein langes Leben regelmäßig in Pillenform einwirft. Das zeigt die Ambivalenz des vermeintlichen Schmuddelgeschwisterchens des sauberen Sauerstoffs. Immerhin, ein Mensch enthält im Schnitt 175 Gramm Schwefel in der Trockensubstanz.

Titan

Es gibt Stoffe, die sind für Lebewesen weder wichtig noch gefährlich, sondern schlicht egal. Dazu gehört auch das Titan, von dem kaum jemand wüsste, hätten es nicht die Uhrenhersteller irgendwann als Schmuckmetall entdeckt. In der Erdkruste ist Titan häufiger als Kohlenstoff. Trotzdem hat die Evolution das Leben völlig am Titan vorbeientwickelt. Nicht einmal für Allergien kann man es verantwortlich machen. Daher werden heute vorzugsweise Hüftprothesen aus Titan eingepflanzt, auch wenn es geeignetere Legierungen gibt, die dann aber das allergene Nickel enthalten.

Dass man das leichte, hochfeste und für ein unedles Element frappierend korrosionsbeständige Metall erst spät für die Technik entdeckte, hat damit zu tun, dass es nur in hochreiner Form gut zu verarbeiten ist und ein entsprechendes Herstellungsverfahren erst 1940 entwickelt wurde. Schade nur, dass es oberhalb 426 °C seine Festigkeit verliert – andernfalls hätte damit die Eisenzeit nach 3000 Jahren ein jähes Ende genommen, und wir lebten in der Titanzeit. Aber irgendwie scheint die trotzdem angebrochen zu sein. Man denke nur an all die Lifestyleprodukte, die inzwischen aus dem samtig grauen Metall hergestellt werden: Brillengestelle, Tauchermesser, Campinggeschirr und Zeltheringe.

Dabei gehen weniger als fünf Prozent der Weltförderung in die Herstellung des reinen Metalls. Der Löwenanteil kommt als Titandioxid (TiO_2) auf den Markt, ein weißer Farbstoff, der auch als Lebensmittelzusatz (E 171) zugelassen ist und sich etwa auf Salamipellen und in Zigarren findet – in Letzteren sorgt es für weiße Asche. Eine physiologische Wirkung konnte bislang nur bei TiO_2-Partikeln im Nanoformat beobachtet werden. Ob davon ein Risiko ausgeht, ist unklar. Fest steht, dass nicht alle Titanverbindungen harmlos sind. Titantetrachlorid etwa ist eine streng riechende Flüssigkeit. Sie wird nicht nur in der Titanchemie eingesetzt, sondern auch vom Militär als Nebelkampfstoff vorrätig gehalten, denn mit Luftfeuchtigkeit reagiert sie zu feinverteiltem TiO_2. Dummerweise entsteht dabei auch Salzsäuregas.

Erbium

Das Metall Erbium eignet sich weder für Schmuck noch für teures Schreibgerät. Trotzdem ist es in der High Society so manchem ein Begriff. Allerdings weniger seiner schweinchenrosa Salze wegen, mit denen sich etwa die Kacheln in Paris Hiltons Badezimmer standesgemäß einfärben ließen. Auch sind es eher Schöne und Reiche ab einem gewissen Alter, die sich für Erbium interessieren, genauer für Laser, deren Glaskerne das seltene Element enthalten.

Denn Erbium-Laser eignen sich prima für das sogenannte »resurfacing« der Gesichtshaut, etwa zur Entfernung von Falten. In der Hülle von Erbiumatomen können die Elektronen so zum Hüpfen gebracht werden, dass sie Infrarotlicht mit 2,9 Mikrometer Wellenlänge aussenden. Dieses wird von Wasser gut absorbiert, so dass entsprechendes Laserlicht die oberste Hautschicht effektiv wegdampft, wobei sich das darunterliegende Gewebe etwas zusammenzieht. Dabei wird weniger Hitze frei als bei anderen Lasern, die behandelten Partien heilen daher schneller und sicherer.

Aber auch durch den umgekehrten Vorgang, also durch Absorption von Laserlicht durch Erbiumatome, könnte das Element einmal Segen stiften, nämlich als steuerbares Kühlmittel. Im Jahr 2006 berichteten spanische Physiker, wie es ihnen gelang, ein Stück erbiumhaltiges Glas durch Bestrahlung mit Lasern zu kühlen, wie sie etwa in CD-Spielern stecken. Deren Licht besitzt gerade eine Idee weniger Energie, als nötig wäre, um Elektronen in der Hülle ruhender Erbiumatome auf höhere Bahnen zu hieven. Wenn die Atome aber Wärmebewegungen ausführen, kann der Laser die Elektronen anstupsen und seinerseits zur Lichtemission anregen, die dabei Energie aus dem thermischen Zittern mitnimmt und das Ganze damit abkühlt. In den spanischen Experimenten war dieser sogenannte Anti-Stokes-Effekt freilich gering: Der Laser kühlte das Glasscheibchen um gerade mal ein halbes Grad ab. Da wird sich die Karriere des Erbiums wohl noch eine Weile auf die Lifestylemedizin beschränken.

Chrom

Chemie ist sinnlich. Und unter den chemischen Elementen gibt es wohl kein sinnlicheres als das Chrom. So sind die optischen und haptischen Vorzüge hartverchromter Oberflächen ja nicht selten wichtiger als ihre korrosionshemmenden. Und das gilt nicht nur für repräsentatives Freizeitgerät. Rostfreier Stahl, der mindestens zehn Prozent Chrom enthält, wird heute auch zu Kunstwerken geformt – und nicht nur, damit sie mehr Jahrtausende überdauern als Beuys' Fettstuhl.

Auch die Salze des Chroms machen einiges her. Die Chloride sind rotviolett und kornblumenblau, die Fluoride grün, feuerrot und zitronengelb, das Phosphat blaugrün. Das ferromagnetische (und daher in Tonbändern verwendete) Dioxid ist zwar nur braun, das Trioxid aber blutrot.

Mit Letzterem ist übrigens nicht zu spaßen. Es ist äußerst giftig und krebserregend. Kritisch ist hier weniger das Chrom selber – das ist sogar ein essentielles Spurenelement, welches der Körper für den Glucosestoffwechsel braucht – als seine Verbindung mit viel Sauerstoff. Die finden sich auch in den Salzen der (frei nicht existierenden) Chromsäuren, den Chromaten und Dichromaten. Die orangeroten Kristalle des Kaliumdichromats etwa waren früher auch in Experimentierkästen für Kinder zu finden. Heute sind für das Hantieren damit Handschuhe vorgeschrieben.

Die Toxizität der Chromate ist ein Grund, warum sie bei Künstlern an Popularität verloren haben. Dabei hat ein Gemisch aus Bleichromat und Bleisulfat mit seiner Brillanz und Deckkraft sogar die Entwicklung der modernen Kunst beeinflusst. War es doch dieses »Chromgelb«, mit dem Vincent van Gogh seine berühmten Sonnenblumen malte. Die Ewigkeit war dem genialen Holländer dabei schnuppe. Wahrscheinlich wusste er, dass Chromgelb instabil ist. Schon im frühen 19. Jahrhundert hatten Chemiker die Maler vor diesem Effekt gewarnt. Aber vielleicht sah van Gogh keinen anderen Weg, jenes freundliche Gelb wenigstens für einige Zeit auf die Leinwand zu bannen – jenes Gelb, das sich auf den unschätzbar teuren Bildern nun immer mehr in ein düsteres Ocker verwandelt.

Radium

William Bailey verbürgte sich für die Qualität seines Produktes. 1000 Dollar versprach er dem, der nachweisen konnte, dass ein Fläschchen seines Fitness-Elixiers »Radithor« weniger als ein Mikrogramm Radium enthielt. Man schrieb das Jahr 1918, und das acht Jahre zuvor von Marie Curie aus Joachimsthaler Pechblende, einem Uranerz, isolierte Element galt als belebendes Mittelchen gegen allerlei Zipperlein. Badesalzen wurde es zugesetzt, und Zwieback wurde mit Grubenwasser aus Joachimsthal gebacken.

Wie konnte ein hochradioaktives Metall es zur Lifestyle-Droge bringen? Nun, der strahlende Stoff war ein Novum, hervorgebracht von der damals auch sonst heilverheißenden Wissenschaft. Und er war teuer: Bailey verkaufte seine Fläschchen in 24er-Packungen zu 30 Dollar, die insgesamt 30 Mikrogramm Radium darin waren immerhin sieben Dollar wert. Als ein kurzlebiges Zerfallsprodukt des Urans ist das Element nämlich extrem selten. Für ihr erstes zehntel Gramm Radiumbromid musste Madame Curie zwei Eisenbahnwaggons voller Pechblende verarbeiten. Danach stand erstmals eine starke Quelle radioaktiver Strahlung zur Verfügung – und »Strahlung« hatte damals ein ähnlich gutes Image wie heute »Blüten« oder was sonst nach Natur und Technikferne klingt.

Dass Strahlen töten können, begann man erst zu ahnen, als eine Reihe Zifferblattmalerinnen an Knochen-Nekrose erkrankten. Bis in die fünfziger Jahre des 20. Jahrhunderts wurde Radium in Leuchtfarbe für Uhren und Instrumente verwendet. Die Pinsel, mit denen die Arbeiterinnen die Farbe auftrugen, pflegten sie mit dem Mund anzuspitzen. Damit gelangte das Radium in ihre Körper und dort – da es chemisch dem Calcium ähnelt – vor allem in die Knochen, wo seine Alphastrahlen ihr Zerstörungswerk besonders effektiv verrichten. Bekannt wurde die Gefährlichkeit des Radiums aber eigentlich schon 1932 durch den qualvollen Tod eines Prominenten. Der Stahlmilliardär und Golf-Champion Eben Byers hatte 1928 bis 1930 täglich drei Fläschchen Radiothor geleert. Dann begannen sich seine Schädelknochen bei lebendigem Leib aufzulösen.

Lanthan

Einmal, im Jahre 1986, wurde die Welt kurz auf das Lanthan aufmerksam. Damals präsentierten Georg Bednorz und Alexander Müller der Welt eine Substanz mit der komischen Formel $La_{1.85}Ba_{0.15}CuO_4$, die bei 35 Grad über dem absoluten Nullpunkt elektrischen Strom ohne jeden Verlust leiten konnte. Dieser erste sogenannte Hochtemperatur-Supraleiter war eine Sensation und bescherte den beiden Physikern bereits im Jahr darauf den Nobelpreis. Dann wurde es wieder still um das Lanthan. Die nächsten Rekord-Supraleiter kamen ohne »La« aus – im aktuellen Spitzenleiter (er bleibt bis 138 Grad über null supraleitend) finden sich stattdessen Quecksilber, Thallium und Calcium.

Verborgen zu sein (lanthanein auf Griechisch) ist seither wieder das Schicksal dieses Metalls aus der Gruppe der Seltenen-Erden-Elemente, das so weich ist, dass ein Messer es schneidet, und so feuchtigkeitsempfindlich, dass es unter Schutzgas aufbewahrt werden muss. Höchstens Freunden hochwertiger Kameraoptik ist es ein Begriff. In Glas sorgt Lanthan für hohe Brechkraft bei minimaler Farbverzerrung.

Trotzdem könnte die Stunde des Lanthans bald kommen. Den Anlass dazu liefert die EU, die 2006 den Einsatz von Antibiotika zur Wachstumsförderung von Tieren verbot. Damit unsere Schnitzel nicht kleiner werden, untersucht man seit einigen Jahren die Verfütterung von Seltenen Erden, und hier insbesondere von Lanthan. Aus China kommt die Kunde, dort habe man damit jahrzehntelange Erfahrung und bei Schweinen Gewichtssteigerungen bis zu 23 Prozent erreicht. Westliche Studien, wie sie etwa am veterinärmedizinischen Institut der Universität München gemacht wurden, lieferten zwar nicht ganz so spektakuläre Resultate, trotzdem könnte Schweine-Doping mit Lanthan auch hierzulande üblich werden.

Da fragt man sich, ob das dem Schnitzelfreund möglicherweise schadet. Und wie immer lässt sich das im Vorfeld wohl nicht so einfach beantworten. Immerhin wird Lanthancarbonat als Medikament eingesetzt – zu Senkung des Phosphatspiegels bei Nierenkranken. Aber repräsentative Kandidaten für Rückschlüsse auf die Durchschnittsbevölkerung sind die sicher nicht.

Nobelium

Im Jahre 1939 wurde zum letzten Mal ein Element in freier Natur entdeckt. Seither waren alle Neuzugänge Synthesen. Dabei lässt man leichte Atomkerne auf schwere prasseln, um noch schwerere zu erhalten. Heute ist man so bei Element 118 (also dem mit 118 Protonen im Kern) angelangt.

Dass Nummer 113 bis 118 noch namenlos sind, liegt nicht zuletzt am Nobelium. Dieses hieß »Element 102«, bis schwedische Forscher 1957 seine Synthese verkündeten und es nach Alfred Nobel benannten. Der Name war längst gebräuchlich und von der International Union of Pure and Applied Chemistry (IUPAC) abgesegnet, da stellte sich heraus, dass die schwedischen Experimente sich nicht nachvollziehen ließen. Die russischen Physiker, die heute als die eigentlichen Entdecker gelten, hatten das Nachsehen – mitten im Kalten Krieg. Die Russen hätten das Element 102 selber gerne »Joliotium« genannt, um den marxistisch gesonnenen französischen Physiker Frédéric Joliot-Curie zu ehren, den Ehemann von Marie Curies Tochter Irène. Doch als die IUPAC ihren Fehler 1992 eingestand, war Joliot bereits als Namenspatron für Element 105 im Gespräch (woraus dann allerdings auch nichts wurde). Zum Ausgleich schlug nun die IUPAC vor, Nummer 102 »Flerovium« zu nennen, nach Georgi Nikolajewitsch Flevor, dem kurz zuvor verstorbenen Gründer des sowjetischen Kernforschungszentrums in Dubna. Am Ende blieb es dann doch bei »Nobelium«. Als Konsequenz dieses Schlamassels besteht die IUPAC heute vor der Benennung auf einer unabhängigen Bestätigung einer Entdeckung.

Das aber kann Jahre dauern, denn das Geschäft ist mühsam. Von Nobelium können nur jeweils höchstens einige hundert Atome hergestellt werden, und sein langlebigstes Isotop, No-259, lebt im Schnitt nur 58 Minuten. Immerhin konnte man herausfinden, dass Nobelium chemisch dem Calcium ähnelt. Besser untersucht sind da die physikalischen Eigenschaften seiner Kerne. Im Sommer 2006 haben Forscher einen sogenannten metastabilen Zustand des Isotops No-254 untersucht, der daher rührt, dass dessen Kerne zigarrenförmig sind und von Kernteilchenpaaren umkreist werden. Bricht ein solches Paar auf, können die Teilchenbahnen relativ zur Zigarrenachse kippen und 266 Millisekunden in diesem Zustand verharren. Der anschließende Zerfall gibt den Physikern Informationen darüber, ob theoretische Modelle stimmen, die bei Element 114 wieder langlebigere Isotope erwarten lassen. Diese müssten dann aber besonders viele Neutronen besitzen, welche die gegenseitige Abstoßung der elektrisch geladenen Protonen abschwächen. Sollte einmal die Synthese eines Isotops von Element Nummer 114 gelingen, das über 184 Neutronen verfügt, gäbe es vielleicht endlich wieder ein neues Element, von dem man sichtbare Mengen herstellen kann.

Fluor

Vor den Küsten um die neuseeländische Stadt Auckland lebt ein absonderliches Tier. Das Bizarre an ihm ist gar nicht so sehr sein Äußeres, obwohl auch das gewöhnungsbedürftig ist, zählt *Halichondria moorei* doch zur Gattung der Brotkrumen-Schwämme. Verblüffender ist, dass bis zu 11,5 Prozent seiner Trockenmasse aus dem Element Fluor besteht.

In Organismen ist Fluor sonst nur in Spuren vorhanden. Ein Mensch enthält davon im Schnitt nur etwa 0,8 Gramm, das meiste davon im Zahnschmelz. Dort vermag es das harte Hydroxylapatit in noch härteres Fluorapatit zu verwandeln, was erklärt, warum uns das Element im Alltag hauptsächlich auf Zahnpastatuben und neuerdings auch auf Speisesalzpackungen begegnet. Denn unsere Nahrung enthält normalerweise nur wenig Fluor, am meisten findet sich noch in Tee, Fisch und Spargel. In einigen Staaten wird Fluor auch dem Trinkwasser zugesetzt. Obgleich sich dadurch Karies bekämpfen lässt und Fluor auch die Knochen festigt, ist dergleichen hierzulande umstritten. Denn zu viel Fluor ist auch wieder nicht gut. Zu hohe Dosen führen mit der Zeit zur Verdickung und Versteifung von Gelenken.

Natürlich finden sich in Zahncremes nur Fluorverbindungen. Fluor selber, ein blasses gelbgrünes Gas, ist das mit Abstand aggressivste aller chemischen Elemente. Es löst Glas auf, zersetzt Wasser und nötigt sogar Edelgase in chemische Verbindungen. Da erübrigt sich schon fast der Hinweis, dass es überaus giftig ist. Die extreme Reaktionsfreudigkeit der Fluoratome führt aber auch dazu, dass ihre Verbindungen oft sehr stabil und reaktionsträge sind. Daher waren die Fluorchlorkohlenwasserstoffe ja so beliebt als Kühl- oder Treibmittel – bis sich herausstellte, dass sie die Ozonschicht schädigen, woran allerdings das in diesen Molekülen nicht ganz so fest gebundene Chlor schuld ist. Auch in besonders unverwüstlichen Kunststoffen wird Fluor geschätzt, etwa beim Polytetrafluorethylen, besser bekannt als Teflon. Die Natur hat sich die stabilisierende Wirkung des Fluors seltsamerweise kaum zunutze gemacht, vielleicht weil das Element zu selten ist. Warum ausgerechnet jener neuseeländische Schwamm darauf verfiel, bleibt ein Rätsel.

Osmium

Strenge Gerüche verbinden wir gewöhnlich mit Gasen, Flüssigkeiten oder weichem, organischem Material. Erstaunlicherweise gibt es aber ein quarzhartes, sprödes Metall, das, nun ja, stinkt. Allerdings lässt sich auch über olfaktorische Ästhetik streiten. So erinnert das Odeur pulverisierten Osmiums (von griechisch »osmē« für »Geruch«) die einen an Chlor, andere eher an Rettich, ein Gemüse, über das man etwa in Bayern ja keineswegs die Nase rümpft.

Andererseits, im Falle des Osmiums ist der Rümpfreflex durchaus angebracht. Denn sein Geruch ist eigentlich der einer Sauerstoffverbindung, die in größeren Mengen freilich erst bei Erhitzen des Metalls entsteht. Dieses Osmiumtetroxid – es bildet glasige, bereits bei 40 °C schmelzende Kristalle – ist überaus giftig, da es organisches Gewebe leicht oxidiert, wobei schwarzes Osmiumdioxid zurückbleibt. Diesen Effekt macht sich auch die polizeiliche Spurensicherung zunutze, da er unsichtbare Schweißspuren in schwarze Fingerabdrücke verwandelt.

Nicht zuletzt wegen der extremen Toxizität seines Oxids wird Osmium selten rein verwendet, sondern meistens in Legierung mit Platin oder Iridium, Elementen, mit denen es auch in der Natur vergesellschaftet ist. In dieser Form findet man es etwa in Spitzen teurer Füllfederhalter. Dabei kommt der außerordentliche Widerstand zum Tragen, den Osmium äußerem Druck entgegensetzt. Messungen ergaben sogar einen höheren Wert als bei Diamant, doch das wurde später angezweifelt. Ein anderer Rekord ist ebenfalls strittig: In seiner natürlichen Isotopenmischung wiegt ein Kubikzentimeter Osmium stolze 22,61 Gramm. Damit wäre es das dichteste aller Elemente, gäbe es nicht Rechnungen, die aus dem Kristallgitter folgen, dass eigentlich dem Iridium dieser Titel gebührt. Beide Metalle ähneln sich auch im Preis: Um die 400 Dollar kostet eine Unze Osmium, nur ein Drittel des Preises von Platin, das gleichwohl zehnmal häufiger vorkommt.

Osmium bleibt dennoch das teuerste nichtradioaktive Material, mit dem sich richtig Unheil anrichten lässt. Im April 2004 soll der britische Geheimdienst Medienberichten zufolge einen islamistischen Anschlag mit einer Osmiumtetroxid-Bombe vereitelt haben.

Sauerstoff

Chemische Formeln können manchmal richtig schick sein. Eine dient sogar einem Mobilfunkanbieter als Logo: die des zweiatomigen Sauerstoffmoleküls. Das positive Image dieser Formel ist verständlich. Das Gas O_2 stellt 21 Prozent der Erdatmosphäre. Fiele sein Anteil in der Luft unter acht Prozent, würden wir bewusstlos, unterhalb von drei würden wir ersticken. Da vergisst man leicht, dass O_2 eigentlich eine aggressive Chemikalie ist. In höheren Konzentrationen ist sie toxisch, bei Normaldruck jenseits eines Volumenanteils von 60 Prozent. Die dreiatomige Sauerstoffvariante, das Ozon, ist schon in Spuren giftig. In einer überwiegend aus O_2 bestehenden Atmosphäre wäre es auch sonst ungemütlich, da sich darin praktisch alles Brennbare sofort entzündete.

Den zersetzenden Charakter des Sauerstoffs signalisiert auch der Name. Einst dachten die Chemiker nämlich, der Sauerstoff sei es, der Säuren ätzend macht (später stellte sich heraus: Es ist in Wahrheit der Wasserstoff). Seine Reaktionsfreudigkeit verdankt O_2 der Tatsache, dass die beiden Sauerstoffatome so aneinander gebunden sind, dass jedem noch ein einzelnes Hüllenelektron ohne Partner verbleibt. Die beiden Singles sind freilich ständig auf Brautschau und nutzen jede Gelegenheit, mit Elektronen fremder Moleküle anzubandeln, die nicht fest genug vergeben sind.

Die beiden Einzelelektronen verleihen dem Sauerstoff bei Normalbedingungen auch eine skurrile physikalische Eigenschaft: Sie machen ihn magnetisch. O_2 ist das einzige zweiatomige Molekül mit einem magnetischen Moment. Das bleibt auch so, wenn das farblose Gas bei niedrigen Temperaturen zu einer hellblauen Flüssigkeit kondensiert oder bei hohen Drucken zu einem orangen Feststoff. Erst 1979 entdeckte man eine weitere Form: den sogenannten Epsilon-Sauerstoff. Das sind dunkelrote Kristalle, die plötzlich nicht mehr magnetisch sind. Im Jahr 2006 fanden Physiker schließlich heraus, wie diese Kristalle genau aufgebaut sind: Die O_2-Moleküle lagern sich zu einem Gitter aus O_8-Molekülen zusammen – auch ein hübsches Logo und beim Marken- und Patentamt vielleicht noch zu haben.

Indium

Nicht alles, was nach Indien benannt zu sein scheint, hat tat-sächlich etwas mit dem südasiatischen Subkontinent zu tun – man denke nur an die Indianer. Auch der Name des Elements Indium wurde 1863 von seinen beiden Entdeckern an der säch-sischen Bergakademie Freiberg nicht vorgeschlagen, um das Land zwischen Indus und Ganges zu ehren. Vielmehr stand die indigoblaue Farbe Pate, mit der das starkglänzende Metall ver-brennt.

Während Glanz bei anderen Metallen Härte verheißt, lassen sich Indiumbarren mit bloßen Händen verformen. Dabei gibt das Material quietschende, auch als »schreiend« beschriebene Geräusche von sich, die von den aneinanderreibenden Kristal-len herrühren. Andererseits zeigen Indiumoberflächen eine au-ßerordentliche Gleitfähigkeit. Lager- oder Laufflächen in Moto-ren und Maschinen wurden daher schon im Zweiten Weltkrieg durch galvanische Überzüge aus Indium vor schnellem Abrieb geschützt. Das war die erste großtechnische Verwendung dieses Elements, das in der Erdkruste etwas seltener vorkommt als Sil-ber. Daneben wird es als Dichtungsmaterial in der Vakuumtechnik eingesetzt oder als Ingredienz für besonders niedrig schmelzende Legierungen. Ein Gemisch aus Gallium, Indium und Zinn wird bereits bei minus 20 Grad Celsius flüssig und kann daher – etwa in Thermometern – das giftige Quecksilber ersetzen.

Ob Indium gesundheitsschädlich ist, darüber gehen die Meinungen auseinander. Einige Verbindungen, etwa Indiumchlorid, gelten als giftig. Andererseits ist das Metall in der indium-verarbeitenden Industrie noch nicht negativ aufgefallen. Das gilt auch für die Halbleiterindustrie. In Form von Indiumantimonid, -phosphid oder -arsenid ist das Element zunehmend in Infrarotkameras, Hochfrequenzchips und Magnetsensoren zu finden. Als Indiumzinnoxid ist es sowohl durchsichtig als auch elektrisch leitend und damit ideal für die Verwendung in Solarzellen und flüssig-kristallinen Digitalanzeigen. Vor allem die Produktion von Flachbildschirmen hat den Preis für ein Kilo Indium von 94 Dollar im Jahr 2002 auf über 1000 Dollar Mitte 2005 hochgetrieben. Glücklich, wer sich rechtzeitig etwas Indium in den Keller gelegt hat.

Silicium

Die englischsprachige Welt hat es nicht immer besser. Zwar ist man dort weitgehend von orthographischen Assimilierungen verschont, die etwa dazu führen, dass das Element, das sich in der deutschsprachigen Fachliteratur Silicium schreibt, einem oft als Silizium begegnet. Dafür verwechseln Anglophone ihr »Silicon« gerne mit »Silicone«, also dem Oberbegriff für jene öl- bis gummiartigen Verbindungen aus Silicium-Sauerstoff-Ketten mit seitlichen Kohlenwasserstoffzweigungen. In die Produktion dieser Polymere gehen immerhin 40 Prozent der Silicium-Weltproduktion, außerhalb der Baumärkte am bekanntesten ist ihre Verwendung als Polstermaterial zur Manipulation weiblicher Rundungen. Noch mehr Silicium (55 Prozent) endet allerdings in Aluminiumlegierungen für leichte Gussteile, vor allem in der Autoindustrie.

Erst an dritter Stelle im Siliciumverbrauch steht die Elektronik-industrie, dank der das spröde, glasartig splitternde Halbmetall zuweilen zum Schlüsselstoff der Gegenwart hochstilisiert wird. Sie nutzt den Umstand aus, dass Silicium in hochreiner Form ein Isolator ist, der schon durch winzige Verunreinigung elektrisch leitend wird. Daher lassen sich die elektrischen Eigenschaften des Materials sehr gezielt verändern. Für die preiswerte Massenproduktion integrierter Schaltkreise hat Silicium gegenüber anderen Halbleitermaterialien einige Vorteile: Erstens bildet es leicht eine Oxidschicht mit günstigen dielektrischen Eigenschaften. Zweitens ist es völlig ungiftig – als Spurenelement wirkt es sogar bei der Ausbildung von Knochen und Bindegeweben mit. Und drittens liegt es quasi überall herum: 26 Prozent der Erdkruste bestehen daraus, nur Sauerstoff ist noch häufiger. Quarz, Opal und etliche Edelsteine bestehen ganz oder hauptsächlich aus Siliciumdioxid.

Wie schön also, dass sich Silicium auch noch hervorragend für die Umwandlung von Sonnenenergie in Elektrizität eignet. Dass die Herstellung einer Solarzelle mehr Energie verschlinge, als sie während ihrer Lebensdauer erzeugt, ist übrigens ein Märchen. Polykristalline Siliciumzellen, deren charakteristisches Eisblumen-Muster die meisten Photovoltaikanlagen zieren, erzeugen das Sechs- bis Vierzehnfache ihrer Herstellungsenergie.

Dubnium

Vor dem Zusammenbruch der Sowjetunion war die Naturwissenschaft, insbesondere die Physik, dort ein gehätschelter sozialer Sektor. Wie im Sport und in der Musik wurde gezielte Talentförderung betrieben. Aber Grundlagenforschung war auch ein Bereich, in dem man es in größtmöglicher Politikferne zu Ansehen und materiellem Wohlergehen bringen konnte. Nicht alles davon ist nach 1990 dem Braindrain gen Westen zum Opfer gefallen. Eine dieser Inseln ist das »Joint Institute for Nuclear Research« (JINR) in Dubna, 120 Kilometer nördlich von Moskau. Auf einem Felde, der Erzeugung und Erforschung superschwerer Elemente, hat Dubna mittlerweile seinen einstigen Konkurrenten im kalifornischen Berkeley hinter sich gelassen. Gegenwärtig kann sich nur die Gesellschaft für Schwerionenforschung in Darmstadt mit dem JINR messen.

Seit 1997 heißt das Element 105 nach dem Ort, in dem es wohl erst 1970 durch Beschuss von Americium mit Neonkernen erzeugt worden war. Etwa um dieselbe Zeit erblickten Atomkerne mit 105 Protonen zu Raten von sechs Stück pro Stunde auch in Berkeley das Licht der Welt. Die Rivalität zog einen jahrzehntelangen Streit um Namen nach sich. Bevor die International Union of Pure and Applied Chemistry (IUPAC) 1997 ein Machtwort sprach, hieß das Element im Westen meist »Hahnium«, im Osten »Joliotium« (nach Irène und Frédéric Joliot-Curie) oder »Nielsbohrium«.

Dubnium ist radioaktiv, und es wurden so wenige Atome davon hergestellt, dass man gerade mal feststellen konnte, dass seine chemischen Eigenschaften spürbar von denen seines nächsten Verwandten im Periodensystem, des Tantal, abweichen – wohl eine Folge der starken elektrischen Felder, mit denen der riesige Kern die Elektronenhülle beeinflusst. Dennoch, verglichen mit anderen superschweren Elementen, besitzt Dubnium erstaunlich langlebige Isotope. Während die künstlichen Schwergewichte sonst binnen Sekunden oder schneller zerfallen, hat Db-268 eine Halbwertszeit von 16 Stunden.

Damit ist Dubnium vielleicht einer der ersten Vorboten der »Insel der Stabilität«, die viele Kernphysiker bei Elementen mit noch höheren Kernmassen erwarten. Eine Insel der Stabilität, wie Dubna es selbst in einem ganz eigenen und nicht weniger überraschenden Sinn geblieben ist.

Helium

Chemiker haben mit dem Helium eigentlich nichts zu schaffen. Denn von dem leichtesten Element nach Wasserstoff ist nicht eine einzige Verbindung bekannt. Offenbar konnte keine noch so aggressive Umgebung je ein Heliumatom zu einer chemischen Reaktion zwingen.

Allenfalls an Kernprozessen beteiligt sich das elitäre Material, aber dort, außer im Inneren von Sternen, meist nur als Endprodukt. Selbst mit Neutronen ist dem Helium nicht beizukommen, weswegen es in Kernreaktoren nicht radioaktiv wird und daher ein optimales Kühlmittel ist. Der Weg zum Heliumkern, auch Alphateilchen genannt, ist eine kernchemische Einbahnstraße. So war es beim Urknall – da war es eines der wenigen Elemente, die direkt aus der primordialen Quantensuppe auskondensierten –, und so ist es auch auf der Erde. Das dort vorkommende Helium stammt allein aus radioaktiven Zerfällen und ist hier seltener als Gold oder Platin. Entdeckt wurde das Element daher auch nicht hienieden, sondern durch seine Spektrallinien im Licht der Sonne.

Helium ist also viel eher was für Physiker – und die haben damit tatsächlich auch jede Menge Spaß, vor allem bei tiefen und tiefsten Temperaturen. So ist Helium das einzige Material, das bei Normaldruck selbst nahe am absoluten Nullpunkt nicht fest wird. Dafür passieren dort allerhand andere lustige Dinge. Unterhalb von 2,18 Grad über absolut null etwa wird es zu einer Flüssigkeit namens »Helium II«, die zum Beispiel Gefäßwände hinauffließt und deren Wärmeleitfähigkeit plötzlich hundertmal höher ist als die von Kupfer. Auch mit der makroskopischen Ununterscheidbarkeit von Isotopen ist es bei ultrakaltem Helium irgendwann vorbei. Die Atome der beiden einzigen stabilen Isotope, Helium-4 und Helium-3, haben nämlich völlig verschiedene Quanteneigenschaften. Unterhalb von 0,8 Grad über absolut null sind die beiden daher nicht mehr mischbar, ähnlich wie Essig und Öl. Leider ist Helium-3 im Naturhelium nur in Promilleanteilen enthalten. Das macht die Zubereitung einer solchen Helium-Vinaigrette doch etwas aufwendig.

Praseodym

Wie kann man etwas Elementarem nur einen so zungenbrecherischen Namen geben? Der Grund ist, wie oft in solchen Fragen, historisch: Da war einmal das vergleichsweise gut artiku-
lierbare Metall Didym. Der schwedische Chemiker Carl Gustav
Mosander hatte es um 1840 herum aus bestimmten, als selten
geltenden »Erden« isoliert – so nannte man früher oxidische
Mineralien. Er taufte es nach dem griechischen Wort für Zwilling (didymos), weil es dem ebenfalls in den Seltenen Erden enthaltenen Lanthan so ähnlich war. Doch 45 Jahre später stellte
sich heraus, dass Didym keineswegs elementar war, sondern
eine Mischung aus Praseodym (»lauchgrüner Zwilling«) und
Neodym (»neuer Zwilling«).

Tatsächlich ist die grüne Farbe der meisten seiner Verbindungen der augenfälligste Unterschied des Praseodyms zu den 16
anderen Elementen aus der Gruppe der sogenannten Seltenen
Erden (die so selten gar nicht sind, Praseodym etwa ist in der
Erdkruste häufiger als Zinn oder Quecksilber). Chemisch ist es
dagegen kaum von ihnen zu unterscheiden: ein silberweißes,
relativ weiches Metall, das an der Luft langsam korrodiert und

dessen technische Bedeutung sich in Grenzen hält. Im Alltag begegnet es vor allem Besitzern von lichtecht bemaltem Porzellan sowie Schweißern und Glasbläsern: Das Glas ihrer Schutzbrillen enthält Praseodym und Neodym, denn zusammen filtern die beiden Elementgeschwister gerade das gelbe Licht des allgegenwärtigen Natriums heraus – und außerdem noch die unsichtbare, aber ungesunde UV-Strahlung.

Der Rest sind hochspezialisierte Anwendungen, etwa in Legierung mit Kobalt für bestimmte Dauermagneten. In die allgemeine Wissenschaftsberichterstattung gelangte das Element mit den lauchfarbenen Salzen im Jahr 2002, als es Physikern gelang, Licht mit einem praseodymgeimpften Yttriumsilikatkristall praktisch zum Stillstand zu bringen. Die schnellsten Teilchen im Universum wurden darin von 300 000 Kilometern pro Sekunde auf 45 Meter pro Sekunde abgebremst. Der Effekt könne dereinst helfen, Quantencomputer zu bauen, wurde seinerzeit orakelt – weil es ja nie reicht, wenn ein Forschungsergebnis einfach nur faszinierend ist.

Neon

Ist ein Element selten, so muss das nicht unbedingt seine Bekanntheit beeinträchtigen. Gold ist so ein Fall, aber auch das Edelgas Neon. Im Weltall ist es zwar nach Wasserstoff und Helium das dritthäufigste Element, auf der Erde aber macht es sich rar. In der Erdatmosphäre ist es in ungefähr derselben Konzentration enthalten wie Gold in der Erdkruste. Trotzdem begegnet uns das Neon an so mancher Ecke.

Allerdings lange nicht überall, wo röhrenförmige Leuchtmittel glühen. Gewöhnliche Leuchtstoffröhren enthalten kein Neon, sondern das wesentlich billigere Argon. Echte Neonröhren leuchten scharlachrot. Ist dem Neon noch Quecksilberdampf beigemischt, glühen sie kornblumenblau, und füllt man dieses Gasgemisch zudem in eine Röhre aus gelblichem Glas, wird ihr Licht grün. Dabei leuchtet das an sich farblose Neon nur, wenn man elektrischen Strom hindurchschickt und dadurch die Elektronen in den Atomen beständig auf höhere Bahnen kickt. In Experimenten mit starken Entladungen können dabei sogar chemische Verbindungen des Neons mit Wasserstoff oder Argon entstehen. Es sind geladene Moleküle, die nach Bruchteilen einer millionstel Sekunde wieder zerfallen. Stabile Neonverbindungen gibt es nicht.

Zusammen mit der Seltenheit des Neons begrenzt diese edelgastypische Weigerung, sich an der Chemie zu beteiligen, natürlich seine technische Bedeutung. Außer im Marketingbereich des Rotlichtgewerbes findet man es vor allem in der Lasertechnik. Helium-Neon-Laser waren die ersten, mit denen man kontinuierlich Laserlicht erzeugen konnte. Nützlich ist auch das Isotop Neon-21, aber nicht weil man daraus etwas bauen könnte, sondern weil es unter anderem durch Einwirkung von kosmischer Strahlung auf Gesteine entsteht. Daher kann man durch eine Isotopenanalyse manchmal feststellen, wie lange eine Gesteinsoberfläche dem kosmischen Bombardement ausgesetzt war. So ließ sich zum Beispiel ermitteln, dass der durch die inzwischen sehr zweifelhaften Spuren fossiler Bakterien berühmt gewordene Marsmeteorit ALH84001 vor etwa 16 Millionen Jahren bei einem Einschlag vom roten Planeten abgesprengt wurde.

Natrium

Evolutionäres Erbe kann für den Menschen auch zum Problem werden. Etwa die Vorliebe, Speisen mit dem Chlorid des Elementes Natrium anzureichern. Solange unsere Vorfahren vorwiegend vegetarisch lebten, waren sie auf zusätzliche Mineralportionen angewiesen, denn Landpflanzen brauchen kein Natrium für ihren Stoffwechsel, Tiere hingegen schon. Das machte die Entwicklung von Geschmacksrezeptoren für »salzig« vorteilhaft. Sie sprechen am besten auf die Ionen des Natriums an sowie auf wenige chemisch ähnliche wie die des Lithiums, Ammoniums und Kaliums. Die ebenfalls ubiquitären Salze von Calcium oder Magnesium schmecken eher bitter.

Als sich die Hominiden dann fleischlicher Kost zuwandten, ermöglichte diese ihnen nicht allein ein sehr viel leistungsfähigeres Gehirn, sondern auch eine integrierte Salzversorgung. Doch die Lust auf die Extraprise Salz blieb. Die Statusbewussten treibt sie heute dazu, angebliches Himalajasalz zu Mondpreisen zu erstehen. Und manch einer hält es gar für plausibel, dass sich mit den rosa Brocken aus dem Land des Dalai Lama (die in Wahrheit aus Pakistan kommen) dem bösen Industriesalz in den Fertiggerichten »ein Teil seiner Aggressivität nehmen« ließe, wie ein einschlägiger Ratgeber lehrt. Das ist natürlich Unfug, Salz bleibt Salz, und ein nach Durchschnittsgeschmack gesalzenes Gericht enthält vier- bis sechsmal mehr davon als nötig.

Auf elementares Natrium hingegen hat die Evolution keinen von uns vorbereitet. Es ist ein Metall mit der Konsistenz von Schnittkäse, das an der Luft schnell eine Kruste aus ätzendem Natriumhydroxid bekommt und bei der Berührung mit Wasser Hitze und explosives Wasserstoffgas abgibt. Das meiste Natriummetall ging früher in die Herstellung bleihaltiger Antiklopfmittel. Seit sie aus der Mode gekommen sind, ist die Produktion rückläufig.

Die Verbindungen des Natriums freilich sind allgegenwärtig. Sein Carbonat, das namensgebende Natron, braucht man für die Glasherstellung, sein Hydrogencarbonat kennen wir als Backpulver. Und es dürfte kaum ein Chemieerzeugnis geben, vom Shampoo bis zum Chemotherapeutikum, auf dessen Liste der Inhaltsstoffe Verbindungen mit »Sodium« fehlen, dem englischen und französischen Wort für Natrium.

Roentgenium

Elemente haben nicht nur Namen, sondern auch Nummern. Sie bezeichnen die Anzahl der positiv geladenen Protonen in ihren Atomkernen – und damit auch die Zahl der Elektronen in der Hülle. Im Allgemeinen kann man sich die Namen besser merken als die Nummern. Eine Ausnahme bildet vielleicht die 111 – die Nummer des Elements, das 2006 an der Gesellschaft für Schwerionenforschung (GSI) in Darmstadt feierlich auf den Namen »Roentgenium« getauft wurde – nach Wilhelm Conrad Röntgen, dem Entdecker der gleichnamigen Strahlen. Vorgeschlagen hatte den Namen das GSI-Forscherteam um Sigurd Hofmann, das 1994 die ersten Roentgenium-Kerne durch Beschuss von Bismut mit Nickel erzeugt und nachgewiesen hatte.

Wie Roentgenium aussieht, weiß allerdings niemand. Im Periodensystem steht es in einer Spalte mit Kupfer und Gold. Möglicherweise handelt es sich daher ebenfalls um ein Buntmetall. Doch wägbare, geschweige denn sichtbare Mengen wurden davon nie hergestellt. Denn in der Natur kommt Roentgenium nirgends vor. Vereinzelt könnten seine Kerne bei Supernova-Explosionen entstehen, aber selbst das ist zweifelhaft. Und wenn, dann leben sie nicht lange. Das in Darmstadt zuerst entdeckte Rg-272 zerfällt mit einer Halbwertszeit von 1,6 Millisekunden. Das in Japan gemessene Rg-274 hält im Schnitt 8,4 Millisekunden, die Isotope Rg-279 und Rg-280, beide zuerst im russischen Dubna gesichtet, 0,17 und 3,6 Sekunden. Theoretisch besteht die Möglichkeit, dass sehr viel neutronenreichere Roentgenium-Isotope (etwa Rg-295) deutlich länger leben. Denn Modellrechnungen zufolge beginnt hier die Uferregion der hypothetischen »Insel der Stabilität«. Aber kein Kernphysiker hat eine Idee, wie man diese Isotope synthetisieren könnte. Will man leichtere Kerne dazu verschmelzen, müssten diese bereits extrem neutronenreich und damit instabil sein – denn je leichter ein Element ist, desto weniger Extra-Neutronen kann es bei sich behalten.

Dennoch war der Festakt nicht die letzte Elementtaufe. Element 112 wurde 1996 ebenfalls an der GSI entdeckt, für das sich die Darmstädter ebenfalls einen Namen ausgesucht haben: Copernicium. Und diese Nummer ist ja schon nicht mehr ganz so einfach zu merken.

Polonium

Perfide sind Giftmorde immer. Doch wer die Idee zu der spekta-
kulärsten Meuchelei dieser Art in neuerer Zeit hatte, war wirklich
vom Fach: Im Herbst 2006 wurde der russische Exspion Alexander Litwinenko mit Polonium-210 umgebracht. Das wichtigste
natürlich vorkommende Isotop dieses Elementes ist 4200-mal
stärker radioaktiv als Radium. Die Strahlung ist so intensiv, dass
gediegenes Polonium die umgebende Luft zum Leuchten anregt
und daher im Dunkeln hellblau glimmt. Wird es aber inkorpo-
riert, so dringen seine Alphastrahlen nicht aus dem Körper des
Vergifteten heraus, und so ist es praktisch nicht nachweisbar,
wenn man nicht extra danach sucht. Auf die begleitenden Gammastrahlen wäre man früher vielleicht beim Röntgen eines Patienten aufmerksam geworden. Doch für moderne Röntgendia-
gnostik ist deren Energie zu hoch.

Um Litwinenko von innen tödlich zu verstrahlen, bedurfte es
nur zwei bis drei Milligramm Polonium-210. In einem Sushi-
Röllchen haben die locker Platz, aber sie da hineinzupraktizie-
ren dürfte nicht einfach gewesen sein. Wegen der starken Al-
phastrahlung sind schon für das Hantieren mit Mikrogramm-

Mengen Polonium-210 Handschuhkästen vorgeschrieben. Aber ein Polonium-Giftmischer braucht sowieso mehr als ein Kellerlabor. Das Metall ist mit 138 Tagen Halbwertszeit ein, geologisch gesehen, sehr kurzlebiges Zerfallsprodukt des Urans und in der Natur daher extrem selten. Seine Gewinnung aus Uranerz ist deshalb aufwendig, und auch für das Erbrüten von Polonium-210 aus Bismut in Kernreaktoren und die anschließende Abtrennung ist radiochemische Hochtechnologie nötig.

Trotzdem hat Polonium schon technische Anwendungen gefunden. In den vierziger Jahren wurden in Amerika Zündkerzen hergestellt, in denen die ionisierende Strahlung des Poloniums die Funkenbildung unterstützen sollte. Auch in Wärmequellen für Raumsonden fand es Verwendung. Viel bedeutender aber war Po-210 im Gemisch mit Beryllium als eine starke Neutronenquelle für Kernwaffen. Diese Technik wird von den etablierten Atommächten zwar nicht mehr genutzt, doch ist es durchaus vorstellbar, dass in Kernwaffenstaaten noch immer Abtrennanlagen für Polonium existieren.

Samarium

Der Name des Samariums strahlt eine gewisse Milde aus. Dabei hat das Metall aus der Schar der Seltenen-Erden-Elemente mit dem barmherzigen Samariter gar nichts zu tun. Namenspate ist vielmehr Oberst Wasili Jefrafowitsch von Samarski-Bychowez (1803 bis 1870), ein Bergbaubeamter des Zaren. Er war der erste Mensch, nach dem je ein Element benannt wurde, wenn auch nur indirekt. Denn es fand sich zuerst 1879 in einem Mineral namens Samarskit – und das ist es, was nach dem Oberst benannt wurde, und zwar von dem Mineralogen Gustav Rose, der mit Alexander von Humboldt den Ural bereiste.

Samarium ist zwar nicht wirklich selten – es ist etwa so häufig wie Brom –, aber es fehlen konzentrierte Vorkommen. Dass es trotzdem nicht völlig unbekannt ist, liegt an einer Eigenschaft, die es in der Legierung mit Cobalt entfaltet: Es lassen sich damit hervorragende Dauermagnete herstellen, die nur schwer durch äußere Felder zu entmagnetisieren sind. In guten Lautsprechern sind daher oft Cobalt-Samarium-Magnete verbaut.

Die gelblichen Samarium-Verbindungen sind dagegen meist Laborkuriositäten, sieht man von dem Oxid ab, das man für

Gläser braucht, die kein Infrarotlicht durchlassen, oder als Katalysator in der organischen Chemie. Ein Begriff ist das Element aber Kerntechnikern und Nuklearmedizinern. Ersteren macht das Isotop Samarium-149 das Leben schwer, denn es ist ein sogenanntes Reaktorgift. Es entsteht in Kernreaktoren aus Spaltprodukten und verschluckt gerne die zur Aufrechterhaltung der Kettenreaktion notwendigen Neutronen. Das erhöht den Regelungsbedarf eines Reaktors.

Positiver ist dagegen das Image des Isotops Samarium-153, obwohl es radioaktiv ist. Eingebaut in ein Phosphat-Komplexmolekül und injiziert, setzt es sich in Knochenmetastasen fest, die in fortgeschrittenen Stadien von Brust-, Lungen- und Prostatakrebs entstehen und starke Schmerzen verursachen. Diese Schmerzen werden durch die Betastrahlung des Radionuklids wirksam bekämpft, allerdings weiß man noch nicht genau, warum. Jedenfalls vermag hier etwas zu helfen (wenn auch nicht zu erlösen), das wegen seiner Radioaktivität eigentlich übel beleumundet sein müsste. Insofern hat es vielleicht doch etwas von dem berühmten Samariter.

Meitnerium

Alle Elemente jenseits des Plutoniums sind nach Orten oder Ländern benannt, in denen sie zuerst beobachtet wurden, oder sie ehren Persönlichkeiten im Umkreis der Kernphysik. Und dafür dürfte es kaum würdigere Kandidaten geben als die Wienerin Lise Meitner und den Frankfurter Otto Hahn, die 1938 in Berlin die Kernspaltung entdeckten. Meitner war zwar bei dem entscheidenden Experiment nicht anwesend – sie hatte nach dem »Anschluss« Österreichs ans Nazi-Reich wenige Monate zuvor fliehen müssen. Dennoch gibt es kaum eine Entdeckung, die so eindeutig zwei Forschern zu gleichen Teilen zu verdanken ist. Ohne Hahns chemische Kenntnisse wäre Meitner kaum in der Lage gewesen, die Spaltprodukte zu identifizieren. Und ohne die Physikerin Meitner hätte Hahn nicht nachvollziehen können, was er da gemessen hatte.

Trotzdem ist bislang nur nach Lise Meitner ein Element benannt. Ihr Element hat 109 Protonen im Kern – also 17 mehr als das Uran – und ist damit äußerst instabil. Erst 1982 wurde es bei der Gesellschaft für Schwerionenforschung in Darmstadt in winzigsten Mengen durch den Beschuss von Bismut mit Eisenkernen erzeugt. Das langlebigste seiner gesicherten Isotope hat eine Halbwertszeit von 5 Millisekunden, die Existenz von zwei weiteren mit 9,7 und 720 Millisekunden gilt als wahrscheinlich. Über seine Eigenschaften weiß man daher so gut wie nichts, von seiner Stellung im Periodensystem her müsste es dem Edelmetall Iridium ähneln.

In die Chemiebücher wird das Meitnerium daher wohl nie eingehen. Immerhin, Meitners wissenschaftlicher Mitstreiter über Jahrzehnte ging ganz leer aus. Tatsächlich war »Hahnium« einmal als Name für das Element 105 vorgesehen, allerdings war das in der Zeit vor 1997, als man über Prioritäten und Namen im Reich der superschweren Elemente noch heftig stritt. Dann einigte man sich, und Nummer 105 heißt seither »Dubnium«. Wem danach ist, der darf das durchaus als eine Retourkutsche der Geschichte an die Adresse Otto Hahns betrachten. Der hatte die Entdeckung der Kernspaltung 1939 ohne Meitner veröffentlicht und den Chemie-Nobelpreis dafür 1944 alleine eingeheimst.

Zinn

Schwermetalle haben einen schlechten Ruf. Der Begriff weckt Assoziationen von Stoffen, die sich in Fleisch, Fisch und Gemüse anreichern und es schleichend vergiften. Toxische Schwermetalle gibt es natürlich. Aber auch andere, zum Beispiel Zinn.

Wirklich giftig sind nur solche Zinnverbindungen, bei denen das Element an organische Molekületeile gebunden ist. Dazu zählt das Tributylzinnoxid, eine gelbliche Flüssigkeit, die bis vor einigen Jahren als Bestandteil von Schutzanstrichen Schiffe vor Algen- oder Muschelbewuchs schützen half. Dann reicherte sich das Gift im Schlamm der Hafenbecken so sehr an, dass man es in der EU verbot.

Elementares Zinn dagegen ist, ebenso wie viele seiner Verbindungen, für den Menschen völlig ungiftig. Deswegen konnten Speisen seit Jahrtausenden in Gefäßen aus Zinnlegierungen zubereitet oder aufbewahrt werden bis hin zur Konservendose aus Weißblech. Letzteres ist aus Stahl, den eine dünne Zinnschicht vor der Korrosion durch schwache Säuren schützt. Ein Großteil der Weltzinnproduktion geht in dieses Produkt.

Diese Quote ist allerdings rückläufig, und das nicht nur, weil die Nachfrage der Elektronikindustrie nach Indiumzinnoxid für Flachbildschirme so gestiegen ist, sondern auch, weil Zinn im Verpackungssektor immer mehr vom billigeren Aluminium zurückgedrängt wird. Auch das Lametta am Christbaum ist nicht mehr aus Zinnfolie und lässt sich daher auch nicht wie früher am Silvestertag für abendliche Gussorakel einschmelzen.

Eine Hauptrolle spielt das Zinn am Weihnachtsabend dagegen in der Kirche. Das Metall ist so weich, dass Vibrationen in zinnernen Röhren schnell gedämpft werden, weswegen es sich gut für Orgelpfeifen eignet. Leider ist Zinn chemisch nur so gerade eben ein Metall. Das macht sich unterhalb von 13,2 °C bemerkbar. Da nimmt es nach und nach eine andere Kristallstruktur an. Das metallische Beta-Zinn wird zu Alpha-Zinn, einem grauen pulvrigen Halbmetall, und die Pfeife zerbröselt. »Zinnpest« nennt man dieses Phänomen. Um dies zu verhindern, werden dem Orgelzinn andere Metalle zulegiert, vor allem Blei, ein nicht mehr ganz so appetitliches Schwermetall.

Strontium

Im Westen Schottlands liegt ein Dorf mit poetischem Namen. »Elfengipfel« lautet die Bedeutung des gälischen »Strontian«. Die französischen Kriegsgefangenen, die hier Ende des 18. Jahrhunderts in den Bleiminen schufteten, fanden es dort sicher weniger poetisch. Auch sonst hat der Name einen unguten Klang: Radioaktives Strontium-90 entsteht in Reaktoren oder bei Kernwaffenexplosionen. Gut 5,7 Prozent aller gespaltenen Urankerne enden in diesem besonders fiesen Strahlengift. Da Strontium nämlich für unseren Stoffwechsel praktisch nicht vom Calcium zu unterscheiden ist, lagert sich Sr-90 in die Knochen ein und verursacht Leukämie oder Knochensarkome.

Nun hat das Element, das zuerst aus einem in jener schottischen Bleimine entdeckten Mineral isoliert wurde, aber auch vier stabile Isotope. Die sind nicht nur ungiftig, sondern sogar therapeutisch wirksam, etwa zur Steigerung der Knochendichte bei Osteoporose. Angeblich hilft Strontium auch bei Parodontose und ist daher in manchen Zahncremes enthalten. Die Affinität des Elementes zu Zähnen und Knochen lässt sich auch dazu nutzen, um herauszufinden, wo jemand, dessen Gebeine man irgendwo gefunden hat, sich zeitlebens so herumgetrieben hat. Dazu misst man den Gehalt an stabilem Strontium-87. Davon entstehen winzige Mengen in Gesteinen durch natürliche Radioaktivität. Je nach geologischer Umgebung unterliegt sein Anteil daher Schwankungen, die beim Herauslösen durch Wasser und beim Einbau in die Zähne dessen, der das Wasser trinkt, erhalten bleiben. Damit konnten Forscher beispielsweise zeigen, dass Ötzi vor 5300 Jahren etwa 60 Kilometer südöstlich der Stelle aufgewachsen sein muss, an der man 1991 seine Gletschermumie fand.

Die technische Bedeutung des Strontiums mutet dagegen etwas mickrig an. Es kann kaum etwas, das sich nicht auch mit dem hundertmal häufigeren Calcium bewerkstelligen ließe. Das mag sich ändern, wenn es gelingt, den Hochtemperatur-Supraleiter Bismut-Strontium-Calcium-Kupferoxid praxistauglich zu bekommen. Bis dahin wird Strontium uns im Alltag vor allem optisch begegnen: als Strontiumtitanatkristalle im Modeschmuck, die ähnlich funkeln wie Diamanten, sowie als kaminrote Leuchtsätze in Feuerwerksraketen.

Ruthenium

Manchen Elementen begegnet man zwar selten, trotzdem gäbe es ohne sie vieles nicht, was uns heute umgibt. Zu ihnen gehört auch das Ruthenium, das leichteste der sechs sogenannten Platinmetalle – und neben dem Platin auch das häufigste. Teuer ist es trotzdem, und so ist es sehr praktisch, dass es bei seiner wichtigsten Anwendung nicht verbraucht wird. Denn Ruthenium ist ein vielseitiger Katalysator, also ein Stoff, der durch seine bloße Anwesenheit chemische Reaktionen steuert. Im Jahr 2005 bekam der Amerikaner Robert Grubbs ein Drittel des Chemie-Nobelpreises für die Entdeckung eines Ruthenium-Katalysators. Die katalytischen Fähigkeiten des Elementes ermöglichen es zum Beispiel, Kunststoffe aus pflanzlichen Stoffen statt aus Erdölprodukten herzustellen. In einer Pilotanlage ist es so schon gelungen, Rübenzucker in ein Vorprodukt für Polyurethan umzuwandeln.

Ansonsten wird das spröde Edelmetall gerne Platin oder Palladium zulegiert, um diese härter zu machen. Auch in guten Lötkolben und teuren Füllerspitzen findet es Verwendung. In der Schmuckindustrie ist es dagegen noch nicht so verbreitet. Der

Bedarf an Ruthenium ist damit nicht so groß, als dass schon ernsthaft erwogen worden wäre, es aus abgebrannten Kernbrennelementen zu isolieren, in denen es zu einigen zehntel Prozent enthalten ist. Auch müsste man solches Reaktor-Ruthenium erst einmal 20 Jahre lagern, bis das radioaktive Isotop Ru-106 weitgehend zerfallen ist. Dieses allerdings hat eine wichtige Anwendung in der Augenheilkunde: Einige bösartige Tumore des Augapfels lassen sich am besten durch Auflage gewölbter Silberplättchen bekämpfen, die eine Schicht Ruthenium-106 enthalten. Dessen Betastrahlen wirken lokal und verschonen umliegendes gesundes Gewebe weitgehend. Trotzdem verbietet die Strahlenschutzverordnung den Patienten während der bis zu zwei Wochen dauernden Behandlung, Besuch zu empfangen.

Auch an der Hauptfront der Krebsbekämpfung könnte das Element (diesmal mit seinen stabilen Isotopen) bald eine Rolle spielen. Bestimmte rutheniumhaltige Verbindungen scheinen sehr effektiv Tumorzellen abzutöten. Vielleicht wird das nach dem lateinischen Namen seiner Heimat Russland benannte Element bald richtig berühmt.

Berkelium

Es gibt Dinge, die gibt es gar nicht – vor allem nicht, wenn man es mit jener Definition von »Sein« hält, die der angloirische Philosoph George Berkeley (1685 bis 1753) propagierte: »Esse est percipi«, Sein ist Wahrgenommenwerden.

Einen Stoff namens Berkelium gibt es demnach gerade eben noch. Denn einen Stoff sollte man fühlen, riechen oder sehen können. Möglich ist bei diesem Element allenfalls Letzteres, und auch das nur mit einem Mikroskop. Denn mehr als einige Mikrogramm kamen weder von dem stark radioaktiven Metall selber noch von seinen Verbindungen je zusammen. Infolge seiner kurzen Halbwertszeit – von dem langlebigsten Isotop Bk-247 ist nach 1380 Jahren die Hälfte zerfallen – kommt es nicht natürlich vor. Das wenige, was man über seine Chemie weiß, etwa dass seine Salze sich in Wasser mit gelbgrüner oder beiger Farbe lösen, wurde am Isotop Bk-249 beobachtet. Das übersteht zwar im Schnitt nur 320 Tage, aber es ist als Zerfallsprodukt des in Kernreaktoren herstellbaren Curium-249 leichter zugänglich. Vor allem aber sendet es kaum Alphastrahlen aus, so dass Kernchemiker viel leichter damit arbeiten können.

Das erste Berkelium auf Erden gehörte zum Isotop Bk-243 und entstand 1949 an einem Beschleuniger der namengebenden University of California in Berkeley, die ihrerseits nach dem Philosophen heißt. Man kann sich fragen, wie George Berkeley es mit dem Sein des Berkeliums gehalten hätte. Es ist unwahrscheinlich, dass er die Entdeckung des Elements erst 1962 anerkannt hätte, als die ersten sichtbaren Mengen, drei Nanogramm Berkeliumchlorid, vorlagen. Überhaupt wollte Berkeley die Außenwelt gar nicht grundsätzlich in Frage stellen. Vielmehr wollte er seine rationalistischen Zeitgenossen mit dem Hinweis schockieren, dass diese Außenwelt nicht einfach mit dem identisch ist, was wir davon mitbekommen, auch dort nicht, wo wir sie als naturgesetzliche Ordnung wahrnehmen. Gibt es also das Berkelium? Gewiss, mal als Signal auf dem Strahlenmessgerät der Physiker, mal als Reihe bunter Kästchen auf ihrer Nuklidkarte und auch mal als Salzkrümel unter dem Mikroskop. Aber Berkelium einfach so, das gibt es nach George Berkeley, für uns jedenfalls, nicht.

Phosphor

An den Küsten der Nord- und Ostsee werfen die Winterstürme zuweilen Bernstein an den Strand. Auf Usedom allerdings ist Vorsicht geboten. Gelbe Bröckchen, die dort angeschwemmt werden, steckt man besser nicht in die Hosentasche, und keinesfalls sollte man zur Probe hineinbeißen. Denn es könnte sich hier auch um weißen Phosphor handeln – Überbleibsel eines misslungenen alliierten Luftangriffs auf Wernher von Brauns Raketengelände am 18. August 1943. Viele der phosphorgefüllten Brandbomben fielen damals ins Meer und explodierten nicht.

Weißer Phosphor besteht aus Molekülen zu je vier Atomen und ist eine von vier Formen, die das Element annehmen kann. Daneben gibt es roten Phosphor, der sich auf den Reibflächen von Streichholzschachteln findet (nicht aber in den Köpfen der Hölzchen selber) sowie violetten und schwarzen. In seiner weißen, durch Verunreinigungen oft gelblichen Form ist mit dem Element absolut nicht zu spaßen. Die wachsweiche Masse ist hochgiftig, und wenn sie brennt, ist sie mit Wasser nicht zu löschen.

Doch Phosphor hat auch seine guten Seiten. Zum Glück, denn auf der Erde ist er fast so häufig wie Kohlenstoff und steht nach diesem auf Platz zwei der Rangliste der Elemente, die am liebsten komplexe Verbindungen bilden. Im Menschen stellt er gut ein Prozent der Körpermasse, das meiste davon sitzt in den Knochen in Form des vergleichsweise simplen Calciumsalzes der Phosphorsäure. Diese wiederum ist nicht nur eine Zutat für Coca-Cola, sondern auch Mutterchemikalie vieler Biomoleküle. Dazu gehört auch die DNA, der Träger der Erbinformation. Insofern Information erleuchtet, macht das Element damit seinem Namen auch in einem übertragenen Sinne alle Ehre: phōsphoros bedeutet so viel wie »lichtbringend«. Das Leuchten weißen Phosphors beim Kontakt mit Luftsauerstoff, dem sich der Name verdankt, ist allerdings kein Phosphoreszieren (worunter man das Glimmen von Substanzen nach Beleuchtung ohne chemische Reaktionen versteht). Es ist eher ein kaltes Feuer, das aber spontan heiß werden kann – mit etwas Pech schon bei Hosentaschentemperatur. Etwa ein- bis zweimal im Jahr zieht sich auf Usedom ein Bernsteinsammler dadurch schwere, schlecht heilende Wunden zu.

Promethium

Im Internet gibt es auf viele Fragen eine Antwort, auch auf solche, die gar keine haben. Etwa die, ob denn tatsächlich in einigen Sternen das Element Promethium vorkommt. Dass dem so sei, steht etwa in der englischen Ausgabe der Internet-Enzyklopädie Wikipedia. Tatsächlich publiziert der Astronom Charles Cowley seit 1970 entsprechende Daten, die er sich selbst nicht recht erklären kann. Exotische Elemente sind zwar in etlichen Sternen nachgewiesen. Promethium aber ist radioaktiv. Sein langlebigstes Isotop zerfällt binnen weniger Jahrzehnte. In einem Millionen Jahre alten Stern kann es das Element nur geben, wenn ein physikalischer Prozess es ständig nachliefert. Doch ein solcher Prozess ist unbekannt.

Auf der Erde entsteht Promethium nur in Spuren – beim Uranzerfall oder der Einwirkung kosmischer Strahlen auf bestimmte Mineralien. Entdeckt wurde das silbrige Metall daher erst 1945 im Abbrand von Kernreaktoren. Namenspate war jener Titane, der einst, göttliche Antiproliferations-Bestimmungen ignorierend, den Menschen das Feuer brachte. Die Eigenschaften des Promethiums kann man seither am Isotop Pm-147 studieren, von dem ein Kernreaktor täglich ein bis zwei Gramm erzeugt. Daher weiß man, dass es rosarote bis violette Salze bildet, aber auch, Licht welcher Wellenlängen Promethiumdampf verschluckt und welches typische Linienmuster das Element dadurch im Spektrum eines Sternes hinterlässt.

Diese Wellenlängen fehlen nun in den Spektren dreier untersuchter Sterne. Leider verursachen auch alle möglichen anderen Elemente Linien in den Sternspektren. »Die Chance, dass die Übereinstimmung von Promethium-Linienmustern und denen im beobachtbaren Spektrum nur zufällig ist, wird mit wenigen Prozent angegeben«, sagt Achim Weiss vom Max-Planck-Institut für Astrophysik in Garching. »Für eine eindeutige Identifikation reicht das nicht.« Charles Cowley reicht es. Bei zwei der drei Sterne ist er sich sicher, dass es dort Promethium gibt und folglich auch einen Erzeugungsprozess. Weiss ist sich genauso sicher, dass es einen solchen Prozess nicht gibt. Beide haben die Frage beantwortet, und beide haben gute Gründe dafür. Eine von diesen Gründen unabhängige Antwort gibt es nicht.

Mendelevium

Haben's schon mal eins g'sehn?«, pflegte der österreichische Physiker und Philosoph Ernst Mach (1838 bis 1916) jeden zu fragen, der ihm mit Atomen kam. Mach war der Ansicht, Wissenschaftler sollten nur über Dinge reden, die sich empirisch nachweisen lassen; natürlich hatte damals noch niemand ein Atom gesehen. Bis zur Entwicklung spezieller Mikroskope in den achtziger Jahren des 20. Jahrhunderts waren die kleinen Wichte nur im Kollektiv zu bewundern.

Allerdings wurde bereits 1955 ein neues Element anhand einzelner Atome nachgewiesen. Sie gehörten zum Isotop Mendelevium-256 und entstanden durch Beschuss ebenfalls künstlichen Einsteiniums mit Heliumkernen. Das Reaktionsprodukt zerfiel bald, aus den Trümmern konnte im Abstand von Minuten bis Stunden auf insgesamt fünf Atome geschlossen werden. Später wurden bis zu einer Million Mendelevium-Atome produziert. Das ist immer noch unsichtbar wenig, weshalb sich unser Wissen über die Chemie des Mendeleviums sehr in Grenzen hält. Dass es ein Metall ist und mit Chlor eine Verbindung der Formel »MdCl$_3$« eingehen würde, erschließt sich aber bereits aus seiner Position im Periodensystem, jener Tabelle, die in Russland »Tabliza Mendelejewa« heißt.

Der russische Chemiker Dimitri Mendelejew (1834 bis 1907) war zwar nicht der Erste, der die Elemente nach ihren Eigenschaften ordnete; es gab im 19. Jahrhundert etliche Versuche dazu. Doch erst Mendelejews Vorschlag von 1869 konnte überzeugen. Deutsche Lehrbücher versäumen an dieser Stelle nie den Hinweis, dass Julius Lothar Meyer in Karlsruhe unabhängig von seinem russischen Kollegen dieselbe Ordnungsidee hatte, sie nur ein paar Monate später veröffentlichte. Nun gründet sich Mendelejews Ruhm aber auch darauf, dass er sich 1871 traute, aus seinem Periodensystem die Eigenschaften der damals noch unentdeckten Elemente Gallium, Scandium und Germanium vorherzusagen. Meyer hingegen erwog bereits die Möglichkeit, die Atome könnten keine unteilbaren Entitäten sein, sondern Struktur besitzen. Tatsächlich war dies später der Schlüssel zum Verständnis der seltsamen Periodizität der Elemente. Ernst Mach aber müssen die Haare zu Berge gestanden haben.

Calcium

Anfang 2007 stellte sich heraus, dass das Universum andert-
halbmal mehr Calcium enthält als zuvor angenommen. Das ist
aber ausnahmsweise mal nicht schlimm. Denn schon als Kinder belehrten uns Cornflakespackungen, dass es von diesem
Element gar nicht zu viel geben kann. Und kaum einer der im
Drogeriemarkt feilgebotenen Vitamincocktails kommt heutzutage ohne »Ca«-Zusatz aus. Tatsächlich ist das Leichtmetall,
das wir wegen seiner Unbeständigkeit gegenüber Wasser so gut
wie nie in dieser Form antreffen, ein essentieller Bestandteil des
menschlichen Körpers. So enthält das Knochengerüst eines Erwachsenen immerhin 1,2 Kilogramm Calcium. Es findet sich
aber auch in Botenstoffen, die wichtige Körperfunktionen steuern, von der Muskelkontraktion bis hin zum Auslesen von ge-
netischer Information aus der DNA.

Auch sonst begegnen wir dem Calcium auf Schritt und Tritt.
Sein Carbonat – vulgo Kalk – bildet die Schalen vieler Meerestiere, enorme Mengen davon wurden im Laufe der Erdgeschichte zu Gebirgen wie den Alpen verpresst. Auch in kaum einem anderen Gestein fehlt das Calcium. Insbesondere in Silika-

ten wie Granit entfaltet es dabei eine segensreiche Wirkung: Bei der Verwitterung bindet es das Treibhausgas CO_2. Das Resultat wird in Form löslichen Calciumhydrogencarbonats ins Meer geschwemmt und dort mit freundlicher Unterstützung der marinen Fauna als unlöslicher Kalk abgelagert. Aber vor den Menschen ist selbst der schon lange nicht mehr sicher. Seit der Antike treibt man dem Kalk das CO_2 durch Brennen wieder aus. Das Ergebnis ist Calciumoxid, ein ätzendes Pulver und in der Verbindung mit Wasser die entscheidende Komponente für Mörtel. Mischt man noch Silicium- und Aluminiumoxide dazu, erhält man Zement oder Beton.

Gewiss kommt es dann darauf an, was man daraus macht. Doch jeder kennt Beispiele dafür, wie sich so noch mit dem harmlosen Calcium Unheil anrichten lässt. Übrigens auch hinsichtlich des Klimas: Während sich nämlich Kalkmörtel beim Abbinden das CO_2 aus der Luft wieder zurückholt, tut der Beton das nicht. Damit leistet die Betonierung unserer Lebenswelt einen kleinen, aber mit fünf bis zehn Prozent nicht völlig vernachlässigbaren Beitrag zu den anthropogenen CO_2-Emissionen.

Yttrium

Das Element Yttrium kann einem leidtun. Erstens wird es dauernd mit dem Ytterbium verwechselt. Schuld daran ist die Phantasielosigkeit der Chemiker, die im 19. Jahrhundert in Mineralien aus der Gegend von Ytterby ein Element nach dem anderen entdeckten. Unter den sechzehn Elementen der Seltenen Erden heißen ganze vier nach dem schwedischen Dörfchen – neben den genannten noch das Terbium und das Erbium. Welche Vergeudung, möchte man denken, wo heute um die Benennung jedes neuen Elementes eine Haupt- und Staatsaktion veranstaltet wird.

Der andere Grund, weswegen nun insbesondere das Yttrium zu bedauern ist, hat mit dem Siegeszug der Flachbildschirme zu tun. Sie drängen das bleigraue Metall, dem Luftfeuchtigkeit schnell einen gelblichen Ton verleiht, nun vollends aus dem Alltag. Dabei konnten wir Peter Frankenfelds Krawatte beziehungsweise die Fahnen der Maiparade nur dank des Yttriums farblich einordnen, genauer: des europiumdotierten Yttriumoxids, das in den Farbbildschirmröhren für das nötige Rot sorgte.

Allein den Autofahrern bleibt das Element erhalten. Denn dem Zirconiumoxid in den Lambdasonden ist meist etwas Yttriumoxid beigemischt, weil sich das Material sonst beim Abkühlen nach dem Sintern verformen würde. Viel braucht man dazu nicht, und das ist wohl gut so – nicht weil Yttrium so selten wäre (Blei oder Cobalt sind seltener), sondern weil es als Nervengift gilt. Warum, das ist noch nicht so recht erforscht. Überraschend ist es schon, denn die anderen Seltenen Erden sind in dieser Hinsicht nicht auffällig, und das, obwohl sich alle Elemente dieser Gruppe chemisch nur in Nuancen unterscheiden.

Auf die Nuancen kommt es aber manchmal an. Etwa in der Lasertechnik. So arbeitet man in Industrie und Forschung gerne mit Neodym-YAG-Lasern. YAG steht dabei für Yttrium-Aluminium-Granat, ein künstliches Mineral mit hohem Brechungsindex. Dotiert man es mit anderen Seltenen Erden, kann man es dazu bringen, hindurchgehendes Licht zu verstärken. YAG findet sich meist in leistungsstarken Infrarotlasern, deren Lichtfrequenz man allerdings durch einen Trick verdoppeln kann. Dann lasert es grün – und so lässt sich das Yttrium immerhin noch in der Disco sehen.

Tantal

So richtig durchdacht war sie nicht, die Taufe eines Elements nach dem sagenhaften König Tantalos. Der hatte sich diverser Frevel schuldig gemacht, unter anderem schlachtete er seinen Sohn und setzte das Fleisch den Göttern zum Mahl vor, um ihre Allwissenheit zu testen. Die stellten ihn dafür bis zum Kinn in einen See, dessen Wasserspiegel jedes Mal ins Unerreichbare fiel, wenn der überaus durstige Delinquent sich zum Trinken bückte. Anno 1802 hielt es der schwedische Chemiker Anders Ekberg für passend, das Tantalpentoxid mit dem mythischen Sträfling zu vergleichen, da es, mit Säure übergossen, keine Anstalten machte, davon zu trinken, soll heißen: sich darin aufzulösen.

Abgesehen davon, dass es hier ja wohl die Säure ist, die schmachtet – man benennt einfach keine Elemente nach Bösewichtern. Aber es ist nun mal passiert. Und ausgerechnet jenem säurefesten Oxid verdankt das graue Schwermetall seine Verbreitung im Alltag aller, die nicht als Chirurgen oder Chemieanlagenbauer damit zu tun haben. Denn in Autos, Handys oder Radioweckern sind Tantal-Elektrolytkondensatoren eingebaut.

Die bringen es bei kleinen Abmessungen auf hohe Kapazitäten. Der Trick ist die große Oberfläche einer Elektrode aus gesintertem Tantalpulver, die in einer anderen Chemikalie steckt – in einer Variante tatsächlich eine Säure – wie weiland Tantalus im See. Zwischen Metall und Säure sitzt eine Schicht aus Tantaloxid und speichert bei angelegter Spannung jede Menge elektrischer Ladung.

Der Nachteil solcher Kondensatoren ist ihr Preis. Denn Tantal ist selten und kommt immer zusammen mit dem Niob vor, von dem es schwer zu trennen ist. Während Industriemetallurgen oft mit einer Niob-Titan-Legierung gedient ist, braucht man für medizinische Zwecke, etwa Knochenimplantate, reines Tantal, denn das Niob hat eine noch kaum erforschte physiologische Wirkung. Niobe war übrigens die Tochter des Tantalos. Sie musste ebenfalls büßen – allerdings wegen eines vergleichsweise läppischen Frevels. Sie gab bei der Mutter der Göttin Artemis mit ihrer Kinderzahl an, verlor ihre gesamte Familie und erstarrte vor Kummer zu Stein. Ihr sei das Element aus Protest gegen Willkürjustiz gegönnt.

Einsteinium

Albert Einsteins Gene hätten viele gerne. Ein Genie war er, liebenswürdig und auch noch musikalisch. Weniger bekannt ist, dass der große Physiker wegen Plattfüßen, Krampfadern und Fußschweiß für den Schweizer Militärdienst untauglich geschrieben wurde, dass er sein vorehelich geborenes Töchterchen weggeben ließ und dass sein jüngerer Sohn an Schizophrenie erkrankte.

Trotzdem kam man natürlich nicht darum herum, auch ein Element nach ihm zu benennen. Aber musste es ausgerechnet das mit der Nummer 99 sein? Nicht die Schnapszahl ist das Problem, sondern Einsteins pazifistische Gesinnung, für die manche ihn mehr lieben als für die Relativitätstheorie. Denn Einsteinium ist ein Kind der Wasserstoffbombe.

Genauer gesagt war es eine hausgroße Apparatur, die am 1. November 1952 mit einer Sprengkraft von 10,4 Megatonnen TNT eine ganze Südseeinsel pulverisierte. Die Testexplosion »Ivy Mike« war die erste echte thermonukleare Detonation. Und in den radioaktiven Korallentrümmern, die sie über das Eniwetok-Atoll verteilte, fanden sich neben exotischen Isotopen bereits bekannter Elemente auch solche zweier gänzlich neuer, mit 99 und 100 Protonen im Kern. Zur Verblüffung der Physiker war der Neutronenschauer aus der Kernverschmelzungsreaktion intensiv genug gewesen, um Urankernen des Spaltbomben-Zünders die Kernteilchen gleich dutzendweise anzulagern.

Für Kernphysiker ist das Einsteinium daher von gewissem Interesse. Für Chemiker weniger, auch wenn sein langlebigstes Isotop länger hält als ein Jahr und es das schwerste Element ist, von dem bisher sichtbare Mengen erzeugt werden konnten. Denn wegen seiner Radioaktivität ist es schwierig zu erforschen. Es strahlt so stark, dass das bernsteinfarbene Einsteiniumtrijodid im Dunkeln rot leuchtet. Außerdem weiß man noch, dass das Trichlorid $EsCl_3$ orange ist und das Dichlorid $EsCl_2$ so reduzierend wirkt, dass es sogar Wasser zersetzt.

So hat es den Fortschritt nicht sehr aufgehalten, dass die Existenz des Elementes bis 1955 – Einsteins Todesjahr – der Geheimhaltung unterlag. Einstein dürfte aber von der Ehrung noch erfahren haben.

Cobalt

Würden Sie Ihre Suppe in einem Topf aus Cobalt kochen? Wahrscheinlich nicht. Cobalt, das klingt irgendwie schädlich. Diese Assoziation mag heute viel mit dem radioaktiven Isotop Cobalt-60 zu tun haben. Allerdings trägt schon der Name des Elements zu seinem Imageproblem bei. Er leitet sich tatsächlich von »Kobold« ab, genauer von einem Grubengeist, den Bergleute im ausgehenden Mittelalter verdächtigten, ihr Erz zu verhexen, so dass es beim Verhütten stank und nichts Verwertbares ergab. Gemeint waren wohl arsenhaltige Cobaltminerale, die beim Erhitzen knoblauchartig riechende Arsenverbindungen abgeben.

Heute schätzen Metallurgen das Cobalt außerordentlich, etwa als Bestandteil verschleißresistenter Legierungen, die auch bei großer Hitze ihre Festigkeit nicht verlieren. Auch korrodiert es nicht so leicht wie das Eisen, mit dem es chemisch verwandt ist. Im Alltag dürfte man dem Cobalt allerdings eher in Form seiner farbenfrohen Verbindungen begegnen. Berühmt ist das Blau, mit dem schon die Ägypter Glas färbten und ohne das es weder Wedgwood-Porzellan noch Delfter Kacheln gäbe.

Die meisten nichtkeramischen Cobaltsalze sind allerdings rot. Nur das Chlorid ist im völlig trockenen Zustand tatsächlich blau und rötet sich erst mit zunehmender Feuchtigkeit. Das lässt sich als Indikator für Trockenmittel nutzen oder für Geheimtinte: Ein mit wässeriger Cobaltchlorid-Lösung geschriebener Text bleibt zunächst als wasserhaltiges Salz zurück und ist so kaum sichtbar. Erst beim Erhitzen, etwa über einer Kerzenflamme, färbt er sich tiefblau.

Giftig ist die Cobalttinte allerdings erst in größeren Mengen. Das stabile Isotop des Elements ist nämlich weit harmloser als sein Ruf, und als Bestandteil des Vitamins B_{12} ist es sogar lebenswichtig. Dennoch darf Bier heute nicht mehr mit Cobaltchlorid zur Schaumstabilisierung versetzt werden – eine Praxis, die in den sechziger Jahren in Kanada aufkam. Der exzessive Konsum solchen Cobaltbiers scheint zu Herzmuskelschwäche zu führen, allerdings wohl nur, wenn zusätzlich eine Fehlernährung vorliegt. Ob eine Vollwertküche aber unbedenklich mit cobalthaltigem Geschirr hantieren darf, möchte vermutlich trotzdem niemand ausprobieren.

Cäsium

Wenn vom Cäsium die Rede ist, dann meist unter zwei Aspekten: Zeit und radioaktive Pilze. Das mit den Pilzen ist vor allem seit dem Reaktorunfall in Tschernobyl aktuell. Das Isotop Cs-137 ist ein berüchtigtes Spaltprodukt, und Cäsium reichert sich leicht in Organismen an, besonders in Pilzen, aber auch in Menschen. Das ist insofern erstaunlich, als das Element keine bekannte biologische Funktion hat.

Cäsium ist vergleichsweise selten. Nur wenige dürften es schon in elementarer Form gesehen haben: ein gelbliches Metall mit der Konsistenz von Schokolade, das bereits Handwärme zum Schmelzen bringt. Mit bloßen Fingern sollte man das aber besser nicht ausprobieren. Denn trotz seines goldenen Schimmers ist Cäsium eines der unedelsten Metalle überhaupt. Es reagiert mit fast allem unter Entzündung oder gar explosiv. An Luft brennt es mit roter Flamme – obwohl es seinen Namen von einer blauen Spektrallinie hat, die bei seiner Entdeckung half. Allerdings bedeutet das lateinische »caesius« nicht »himmelblau«, wie die klangliche Nähe zu »caelum« (Himmel) suggeriert, sondern bezeichnet eine stechende, graublaue Augenfarbe.

Die kolossale Brenzligkeit des Cäsiums hat ihren Grund in einer Besonderheit, der es auch seinen Einsatz in Atomuhren verdankt. Cäsium-Chronometer sind heute die genauesten, die es gibt. Auch die Physikalisch-Technische Bundesanstalt in Braunschweig verwendet Cäsium-Atome, um Sekunden von möglichst exakt derselben Länge abzustoppen, weil jedes Cäsium-Atom ein besonders locker gebundenes Elektron besitzt, lockerer als bei jedem anderen stabilen Element. Nun lassen sich atomare Hüllenelektronen durch elektromagnetische Wellen ganz bestimmter Frequenz in einen anderen Zustand bringen. Kann man diese Frequenz sehr genau messen, hat man mit dem Kehrwert ein entsprechend genaues, natürlich vorgegebenes Zeitintervall. Da das Elektron beim Cäsium nun so besonders lose baumelt, liegt die Frequenz im technisch besonders gut beherrschbaren Mikrowellenbereich. Daher ist die Frequenzmessung hier besonders genau. Sobald die Zeitphysiker aber die Präzisionsmessungen der viel höheren optischen Frequenzen beherrschen, hat die Cäsium-Uhr ausgedient.

Argon

Das Periodensystem machte Dmitri Mendelejew berühmt, weil er anhand dieser Anordnung der Elemente nach chemischem Verhalten die Existenz neuer Elemente voraussagte. Doch das ist nur die eine Seite der Geschichte. Die andere ist, dass sein System die Möglichkeit für eine ganze Gruppe von Elementen zunächst übersah: die Edelgase.

Nach Mendelejew gibt es zwischen den besonders elektronengierigen Elementen, wie dem Chlor, und denen, die besonders leicht Elektronen abgeben, etwa Kalium, keinen Platz. 1895 aber entdeckten britische Chemiker ein Gas, das absolut keine chemischen Bindungen eingehen wollte und das sie daher Argon (griechisch für »träges Etwas«) nannten. Da so etwas bei Mendelejew nicht vorgesehen war, dachten sie, konnte es kein Element sein. Die Entdecker – unterstützt von dem berühmten Russen – hielten es für eine dreiatomige Form des Stickstoffs. Erst als drei Jahre später weitere Edelgase entdeckt waren, wurde der Irrtum erkannt.

Heute stellt sich auch die Trägheit der Edelgase etwas differenzierter dar. Das Argon allerdings war bis vor kurzem tatsächlich das schwerste Element, das sich der Chemie verweigerte. Erst im Jahr 2000 gelang finnischen Chemikern die Synthese einer Argonverbindung, des Fluorohydrids HArF, das allerdings nur bei Temperaturen unterhalb minus 256 °C stabil ist.

Trotz oder gerade wegen seiner Trägheit (»Faulheit« kommt dem griechischen Wortsinn näher) ist Argon ein beliebtes Element. Man schätzt es als Schutzgas etwa beim Schweißen oder nutzt es seiner geringen Wärmeleitfähigkeit wegen zur Füllung von Glühlampen. Argon-Laser emittieren vor allem bei grünen und blauen Frequenzen, was bei Lasershows zu bewundern ist. Bei alledem ist Argon im Vergleich zu anderen Edelgasen spottbillig, da zu fast einem Prozent in der Atmosphärenluft enthalten. Ein Teil dieses Luftargons stammt aus dem Zerfall des etwa in Feldspäten und damit in Granitgestein enthaltenen Radioisotops Kalium-40. Dieser Zerfall erlaubt die Datierung von Gesteinen, was das Element auch bei Geologen populär machte. Und umweltschädlich ist es auch nicht. So wird Trägheit zur Tugend.

Gadolinium

Johan Gadolin (1760 bis 1852) ist zu beneiden. Der finnische Chemiker wurde nicht nur für seine Zeit und seine Berufsgruppe außergewöhnlich alt, sondern ist auch der einzige Mensch, nach dem ein stabiles Element direkt benannt ist. Die Ehre wurde ihm allerdings erst 1880 zuteil, denn Gadolinium, obgleich in der Erdkruste häufiger als Silber oder Iod, ist chemisch unscheinbar und wurde entsprechend spät entdeckt.

Wirklich bekannt ist Gadolin damit nicht geworden. Das schwach gelbliche, an feuchter Luft korrodierende Metall ist eine Nischenchemikalie. Die einzige Anwendung, die es unserem Alltag nähergebracht hätte, wären die magnetooptischen Disketten gewesen, die im Heimcomputersektor jedoch das Rennen gegen die DVD verloren haben. Allerdings setzen Banken, Polizei und Militär weiterhin MO-Disks zur Langzeitarchivierung ein, da sie vermutlich haltbarer sind. Die Information ist dort nämlich magnetisch in einer dünnen Schicht aus einer Gadolinium-Legierung gespeichert. Das Element ist ferromagnetisch, lässt sich also permanent magnetisieren, in Reinform allerdings nur unterhalb von 16 °C. Darüber ist es immerhin noch stark paramagnetisch, das heißt, seine Atome verstärken ein äußeres Magnetfeld. Dies nutzt man in Kontrastmitteln für die Kernspin-Diagnostik. Darin sind die Gadolinium-Ionen allerdings in Komplexverbindungen eingebunden. Gadoliniumsalze – obwohl oral verabreicht nicht toxischer als Kochsalz – sind in der Blutbahn ziemlich ungesund. Die Ionen sind ähnlich groß wie die des Calciums und werden vom Körper daher gerne mit diesem verwechselt. Störungen der Blutgerinnung oder der Muskelkontraktion sind die Folge.

Überhaupt ist die Radiologie der Ort, an dem Otto Normalverbraucher es am ehesten mit dem Gadolinium zu tun bekommt. Auch Röntgengeräte enthalten heute sogenannte Verstärkerfolien, die Röntgenstrahlen effektiv in sichtbares Licht umwandeln, auf das sich der bildgebende Film optimal abstimmen lässt. Im Falle von Folien aus Gadoliniumoxisulfid ist das Licht grün. Solche Verstärkerfolien minimieren die Röntgendosis, mit der man den Patienten durchleuchten muss. Leider stecken sie verborgen in den Geräten, und entsprechend wenig erinnert an Johan Gadolin.

Bismut

Über das Element, das oft unter dem Namen »Wismut« firmiert, sind zwei Dinge wenig bekannt. Erstens, dass es eigentlich Bismut heißt. Bereits Georgius Agricola (1494 bis 1555), der sich als Erster wissenschaftlich mit dem im Erzgebirge auf Wiesen »gemuteten« (das bedeutet: abgebauten) Metall befasste, latinisierte das »W« zu einem »B«. Heute ist Bismut auch unter deutschen Chemikern die offizielle Bezeichnung. Zweitens ist Bismut nicht stabil. Im Jahr 2003 gelang es französischen Physikern, die theoretische Vermutung zu bestätigen, nach denen sein einziges natürliches Isotop Bi-209 in Wahrheit radioaktiv ist. Allerdings zerfällt es mit einer Halbwertszeit, die milliardenmal länger ist als die Zeit, die seit dem Urknall vergangen ist.

Auch sonst ist das rötlich weiße Metall, das dünne Oxidschichten zuweilen bunt irisieren lassen, ausgesprochen harmlos. Und das, obwohl es ein Schwermetall ist, dessen Metallnatur allerdings so wenig ausgeprägt ist, dass man es zu den Halbmetallen zählt. So ist Bismut ein miserabler Leiter für Wärme und Elektrizität. Dank seiner Ungiftigkeit sowie der blutstillenden und desinfizierenden Wirkung mancher seiner Verbindungen geht ein guter Teil der Weltproduktion in die Pharmaindustrie. Bismutoxichlorid findet man auch als Perlglanzpigment in Lippenstiften und Schminken.

Beliebt ist Bismut weiterhin bei Metallurgen, die damit den Schmelzpunkt einer Legierung drastisch senken können. Manche Bismutlegierungen schmelzen bereits in heißem Wasser. Da das Element darüber hinaus ein schlechter Neutronenabsorber ist, verwendete die sowjetische Marine eine Blei-Bismut-Legierung als Reaktorkühlmittel für nukleargetriebene U-Boote. Das war nicht unproblematisch, zumal Schmelzen von Bismut und vielen Bismutlegierungen sich, ähnlich wie Wasser, beim Erstarren ausdehnen.

Einer zivilen kerntechnischen Karriere des Bismuts stünde aber vermutlich auch seine Seltenheit im Wege. Obwohl man es seinem derzeitigen Marktpreis von 30 Dollar pro Kilo nicht ansieht, ist es seltener als Silber. Das macht es auch unwahrscheinlich, dass Bismut einmal das giftige Blei in der Jagdmunition ersetzen wird. Chemiefremden Sphären wird es daher wohl weiterhin etwas entrückt bleiben und sein »B« im Stillen tragen.

Vanadium

Erbsen sind gesund – unter anderem deswegen, weil sie viel Vanadium enthalten, ein für Tiere wie Pflanzen essentielles Spurenelement. Besonders vanadiumbedürftig sind manche Tunicaten. Diese Meerestiere reichern das Metall in ihren gelben und grünen Blutfarbstoffen stark an. Bestimmte Erdölsorten, die sich aus Resten von Tunicaten gebildet haben, sind daher so vanadiumhaltig, dass man das Metall daraus gewinnen kann. Von dort kommt es dann dahin, wo es den meisten von uns am ehesten begegnen wird: in den Baumarkt. Auf keinem Schraubenschlüssel darf der Name der festigkeitssteigernden Legierungskomponente fehlen, auch wenn Werkzeugstahl kaum mehr als ein halbes Prozent davon enthält. Nur in Bohrern sind es schon mal fünf Prozent.

Neben seinem stahlgrauen Werkzeugkasten-Image hat Vanadium aber auch eine bunte Seite. In einem schönen Chemieexperiment wird eine Lösung farblosen Ammoniumvanadats, in dem den Vanadiumatomen fünf Elektronen fehlen, mit Zink und Salzsäure versetzt. Freiwerdender Wasserstoff reduziert dann die Zahl der fehlenden Elektronen sukzessive und effektvoll: Nacheinander nimmt die Lösung die Färbung blauer VO^{2+}-, grüner V^{3+}- und violetter V^{2+}-Ionen an.

Der Farbenpracht seiner Verbindungen verdankt das Element auch seinen Namen. Vanadis ist in der isländischen Sage ein Beiname der Schönheitsgöttin Freya. Sein Entdecker, der Mexikaner Andrés Manuel del Río, hatte es 1801 allerdings »Erythronium« getauft, nach dem griechischen Wort für »rot«. Auch das hätte gut gepasst, machen sich Vanadiumoxid-Moleküle doch prominent im Spektrum roter Zwergsterne bemerkbar. Del Ríos Fachkollegen aber hielten seine roten Salze für verunreinigte Verbindungen des ebenfalls zu einer bunten Chemie neigenden Chroms. Erst 1831 stellte sich das als Irrtum heraus. Aber da war das Element gerade erneut entdeckt und benannt worden. Eine Farbwirkung kann Vanadium übrigens auch auf Menschen haben. In extremen Dosen reizt es nicht nur die Schleimhäute, sondern färbt auch die Zunge grün. Dazu muss man aber schon Vanadiumstaub einatmen. Mit Erbsen ist das nicht zu machen.

Thallium

Bei Alexander Litwinenko wies zunächst alles auf eine Thalliumvergiftung hin. Der russische Exspion und Regimekritiker, der Ende 2006 an Verstrahlung durch Polonium-210 starb, war mit Vergiftungserscheinungen eingeliefert worden, die Krimifreunden wohlbekannt sind.

Das geruch- und geschmacklose Sulfat dieses Elementes eignet sich zum Morden recht gut. Die letale Dosis liegt bei etwa einem Gramm – kaum mehr als eine Prise. Denn Thallium ist schwer wie Blei, dem es auch äußerlich ähnelt: ein weiches Schwermetall, das an der Luft schnell grau anläuft. Seine einfach geladenen Ionen allerdings haben eine perfide Eigenschaft. Sie sind fast genauso groß wie die des Kaliums und können deshalb auf den für den Kalium-Stoffwechsel vorgesehenen Wegen in die Zellen eindringen. Wie sie dann dort ihre fatale Wirkung entfalten, ist nicht ganz geklärt. Möglicherweise bilden sich mit der Zeit dreifach geladene Thallium-Ionen und zerstören die Energieversorgungszentren der Zelle. Jedenfalls ist Thallium ein schleichendes Gift mit qualvollen Symptomen, die vom Haarausfall über Sehstörungen, Neuralgien bis hin zu

Psychosen reichen. Nach einer überstandenen Vergiftung können neurologische Schäden bleiben.

Glücklicherweise kommt man an Thalliumsalze heute nicht mehr so leicht heran. Als Enthaarungsmittel verwendet man sie schon lange nicht mehr, und auch als Rattengift – warnungshalber blau gefärbt – sind sie heute vielerorts verboten. Eingesetzt werden sie noch in sogenannten Schwerflüssigkeiten: Bei Lösungen der Ameisensäuresalze des Thalliums lässt sich die Dichte bis zur 4,3fachen des Wassers frei einstellen. Dergleichen braucht man zur Trennung von Mineralgemischen im Labor. Aber auch hier sucht man nach thalliumfreien Verfahren.

Zur Debatte steht auch die weitere Verwendung des Elementes in Signalraketen in der Schifffahrt. Anhand des intensiv grünen Lichtes, den heißer Thalliumdampf aussendet, war das Element 1861 entdeckt und benannt worden. »Thallein« ist Griechisch und heißt so viel wie »grünen«. Dass sich das Metall – das ähnlich selten ist wie Quecksilber oder Iod – besonders im Grünkohl (aber nicht in anderen Kohlsorten) anreichert, hat damit allerdings nichts zu tun.

Actinium

Ganz vorne im Alphabet zu stehen ist manchmal gut, manchmal schlecht – und manchmal auch egal. Dem Element Actinium hat seine alphabetische Prominenz jedenfalls wenig genutzt. Selbst die meisten Chemiker hatten noch nie mit ihm zu tun. Warum auch? Die etwa zehn Verbindungen, die man von ihm kennt, sind meist farblos und ähneln sehr denen des auch nicht gerade umwerfend spannenden Lanthans. Da ist es wenig verlockend, an einem Element weiterzuforschen, dessen stabilstes Isotop 150-mal stärker strahlt als Radium.

Häufig ist es auch nicht gerade. Actinium-227 kommt in kleinsten Mengen in Uranerz vor. Wer es wirklich haben will, der gewinnt es aber nicht daraus, sondern bestrahlt Radium mit Neutronen. Die größte Einzelmenge Actinium, von der die Fachliteratur berichtet (gerade mal sechs Gramm), entstand in Russland aus 300 Gramm Radium – eine für dieses ebenfalls extrem seltene Element enorme Menge. Auf einem Bild, das bei diesem Versuch entstanden sein soll, sieht man eine Kugel aus purem Actinium, deren Strahlung die Luft darum herum zu blauem Leuchten anregt.

Zu etwas aber ist das Element vielleicht doch einmal gut: zum Beweis dafür, dass man bestimmte nukleare Altlasten besser aufhebt. Zumindest dann, wenn es sich um Material aus einem Leichtwasser-Brutreaktor handelt, wie ihn die Amerikaner in den siebziger Jahren in Idaho betrieben. Etwas des darin enthaltenen Uran-233 ist seither zu Thorium-229 zerfallen, das seinerseits zu Actinium-225 zerfällt. Dieses Isotop taugt möglicherweise für eine sogenannte Radioimmuntherapie zur Behandlung von Leukämie im finalen Stadium. An bestimmte Antikörper gekoppelt, wird es zu einer »smart bomb«, die gezielt Krebszellen abtötet und damit die Chancen für den Patienten erhöht, die rettende Knochenmarktransplantation zu überstehen. Erfolgversprechende klinische Studien harren allerdings noch der Veröffentlichung. Das einzige Radioimmunpräparat, das bislang eine Zulassung hat, enthält das Isotop Yttrium-90. Das zerfällt zu Zirkonium. So gesehen hat das Ende des chemischen Alphabets die Nase vorn.

Rutherfordium

Wissenschaft ist entweder Physik oder Briefmarkensamme-
lei«, befand einst Ernest Rutherford. Das finden vermutlich nur
Physiker geistreich. Dabei wollte der gebürtige Neuseeländer
und Begründer der Kernphysik keineswegs sagen, dass etwa die
Botanik keine Wissenschaft sei. Wohl aber war er der Ansicht,
dass sich die Grundprinzipien der Natur kaum durch bloßes
Sammeln und Ordnen erschließen.

An dem forschungspolitisch inkorrekten Spruch lag es frei-
lich nicht, dass die Benennung des Elements Nummer 104 nach
Rutherford jahrzehntelang umstritten war. Die ersten Kerne
dieses superschweren Elements – konkret: die seines Isotops
Rf-259 – entstanden wohl 1964 im Kernforschungszentrum
Dubna bei Moskau durch Beschuss von Plutonium mit Neon.
Auf anderem Wege produzierten amerikanische Physiker einige
Jahre später ein anderes Isotop des Elements 104. Wer aber
nun wirklich der Erste – und damit zur Benennung Berechtigte
war –, das ließ sich nur schwer klären. Die Russen jedenfalls
glaubten sich im Recht und wollten das Element ausgerechnet
nach Igor Kurtschatow benennen, dem Vater der sowjetischen

Atombombe, was den Streit mit den Amerikanern nicht eben entschärfte.

Die International Union of Pure and Applied Chemistry entschied sich 1995 schließlich für den Namensvorschlag des Westens – als Teil eines Kompromisspakets. Aber zumindest ehrenhalber steht die Wiege des Rutherfordiums tatsächlich in Dubna. Das dortige Team hatte nämlich als erstes »Online-Chemie« praktiziert, um neue instabile Elemente Sekundenbruchteile nach ihrer Entstehung zu identifizieren. Für die bis dahin übliche »Offline«-Analyse im Chemielabor lebt Rf-259 mit seiner Halbwertszeit von drei Sekunden nicht lange genug. Erst Jahre später gelang die Synthese des Isotops Rf-265, das im Mittel zwölf Stunden lebt.

Damit wurde die Karte der Kernphysiker, die sogenannte Nuklidkarte, wieder um einen Eintrag reicher, eine Karte übrigens, die durchaus etwas von einer Briefmarkensammlung hat. Und wie anderen Sammlungen von Naturdingen, von Carl von Linnés Herbarium bis zum Periodensystem der Elemente, zeigt es eine Ordnung, die dann schließlich doch tiefere Zusammenhänge der Wirklichkeit offenbart.

Chlor

Constantius Chlorus – das klingt irgendwie ungesund. Doch mit seinem lustigen Beinamen dürfte der spätrömische Kaiser manchem Schüler eher im Gedächtnis geblieben sein als sein Sohn, der große Konstantin. Nun bedeutet das griechische Farbwort »chloros« bei Personen lediglich »bleich«. Das allerdings ist genau die Gesichtsfarbe, die das Element Chlor bei Menschen auslöst. Manchen wird schon in gechlortem Schwimmbadwasser blümerant. In Konzentrationen ab etwa 0,5 Prozent in der Atemluft ist das grüne Gas tödlich.

Die Aggressivität des Chlors beruht auf seinem Bestreben, anderen Stoffen Elektronen zu entreißen. Hat ein Chloratom dieses Ziel erreicht, ist es als negativ geladenes Chrorid-Ion viel zahmer. Gut zwei Prozent des Meerwassers bestehen aus Chlorid und 0,12 Prozent des menschlichen Körpers.

Wieder weniger bekömmlich ist Chlor in organischen Verbindungen. Dort kann es den an Kohlenstoff gebundenen Wasserstoff ersetzen, was der Substanz dann oft ein süßliches Aroma verleiht. Manchem ist es vielleicht noch von früher üblichen Lösungsmitteln erinnerlich, etwa dem Trichlormethan, das unter dem Namen Chloroform auch ein sehr populäres Narkosemittel war.

Obwohl man sie vom Endverbraucher heute fernzuhalten versucht, gehören chlorierte Kohlenwasserstoffe noch immer zu den wichtigsten Reagenzien der modernen Chemie – und sind dort ein ständiges Imageproblem. Zwar kommen sie auch in Naturstoffen vor, Chlormethane werden etwa von Algen oder Pilzen gebildet und Chloramphenicol, ein frühes Breitband-Antibiotikum, von bestimmten Bakterien. Doch ihren Ruf als menschengemachte Umweltgifte haben organische Chlorverbindungen nicht ganz zu Unrecht. Der Oberschurke ist dabei das 2,3,7,8-Tetrachlordibenzoparadioxin, seit dem Chemieunfall von Seveso meist nur »Dioxin« genannt. Es ist allerdings nur ein Abfall- und Abbauprodukt der Chlorchemie und selber zu nichts zu gebrauchen. Nur einmal, 2004, nutzten es finstere Gesellen für einen Anschlag mit dem Ziel, den ukrainischen Politiker Viktor Juschtschenko umzubringen. Er überlebte mit einem durch sogenannte Chlor-Akne entstellten Gesicht – ein fast schon spätantiker Vorfall. Wenigstens ist es heute nicht mehr üblich, körperliche Merkmale in wenig schmeichelhaften Beinamen zu verewigen.

Germanium

Dem 17. Juni trauern viele nach. Mitten in der Biergartensai-
son gedachte es sich der deutschen Einheit doch deutlich ange-
nehmer als im kühlen Herbst. Zu Kaisers Zeiten allerdings war
manch einer auch im Winter Patriot, so etwa der sächsische
Chemiker Clemens Winkler, als er im Februar 1886 ein neues
Element entdeckte und »Germanium« taufte.

Damit mehrte er freilich erst einmal den Ruhm eines Russen.
Dmitri Mendelejew hatte 1871 ein Element mit den Eigenschaften des Germaniums vorhergesagt: eine Mischung aus denen
des Siliciums und des Zinns. Tatsächlich zeigt es sogar Züge
seines übernächsten periodensystematischen Verwandten, des
Kohlenstoffs: Germaniumwasserstoffketten sind bis zu einer
Länge von acht Gliedern sogar weniger feuchtigkeitsempfindlich als die entsprechenden Siliciumwasserstoffe.

Praktisch aber ist die Nähe des Germaniums zum Silicium
die interessanteste. Wie dieses ist das zerbrechliche Metall ein
Halbleiter. Da es leichter in hoher Reinheit herzustellen ist als
Silicium, gab es die ersten Germaniumdioden bereits 1942.
Heute ist Germaniumelektronik etwas aus der Mode, und das

Element dient vor allem als optisches Material für Infrarotlicht, für das es durchsichtig ist. Zudem schätzen es Juweliere als Legierungsbestandteil in Silber und im Lötgold. In der Polymerchemie dient sein sandartiges Oxid als Katalysator.

Ganz vorbei ist die Halbleiterkarriere des Germaniums aber nicht: Retro-Rocker schwören heute wieder auf alte Verzerrer mit Germaniumtransistoren, um den Sound der Sechziger wiederzufinden. Und Physiker haben aus den Vorräten der verblichenen Sowjetunion große Einkristalle gezogen, die an dem Isotop Ge-76 angereichert sind. In diesen kann es zu dem äußerst seltenen doppelten Betazerfall kommen – der sich in dem Halbleiter sogleich elektronisch bemerkbar macht – und vielleicht zu dem noch viel selteneren neutrinolosen doppelten Betazerfall, von dem nicht sicher ist, ob es ihn gibt, so dass sein Nachweis die Physik ein Stück weiterbrächte. Vielleicht sollte man Entdeckungen solchen Kalibers mit Gedenktagen für involvierte chemische Elemente feiern. Bei denen, die nach Orten oder Ländern benannt sind, sollte das den betreffenden Regionen einen Feiertag wert sein. Im Falle des Germaniums aber bitte im Sommer.

Lawrencium

Ernest Lawrence ist heute nicht gerade der bekannteste Namenspate eines Elements. Dabei war der amerikanische Nobelpreisträger von 1939 einer der großen Physiker seiner Zeit. Die Ära der riesigen Beschleuniger brach nicht zuletzt auch dank seiner Initiative an.

Dabei begann er klein. Sein erster Beschleuniger war gerade zwölf Zentimeter groß. Aber schon mit einer etwas größeren Version ließen sich Atome mit solcher Wucht aufeinanderschießen, dass dabei das erste künstliche Element, das Technetium, entstand.

Die Beschleuniger mussten noch erheblich größer werden, bis 1961 die ersten Lawrenciumkerne ins Dasein treten konnten. Im kalifornischen Berkeley glaubte man, unter den Produkten der Kollision von Californium mit Bor das Isotop Lr-257 gefunden zu haben. Es zerfiel sekundenschnell, aber die Daten reichten den Amerikanern, um ihren 1958 verstorbenen Chef mit dem Element zu ehren. Die sowjetische Konkurrenz konnte diese Messungen nicht nachvollziehen (heute geht man davon aus, dass man in Berkeley tatsächlich das erste Lawrencium produziert, sich aber im Isotop geirrt hatte). Dafür hatten die Russen Hinweise auf Lr-256, das eine halbe Minute überlebte.

Diese vergleichsweise lange Lebensdauer veranlasste die Amerikaner zu dem Versuch, mit Lr-256 mehr über die Chemie dieses Elements zu erfahren. Sie ließen die Reaktionsprodukte sich an einer Kapsel abscheiden und verschickten sie sofort per Rohrpost ins Chemielabor. Dort zeigte sich, dass Lawrencium dreifach positiv geladene Ionen bildet – wie seine Stellung im Periodensystem es nahelegt. Selbstverständlich war das nicht. Schwere Kerne wie die des Lawrenciums könnten neue Effekte in der Elektronenhülle ihrer Atome erzeugen, was sich in abweichendem chemischem Verhalten niederschlüge. Obgleich man mit Lr-262 heute ein Isotop hat, das Stunden überlebt, wurden Abweichungen nicht gefunden.

Könnte man Lawrencium in größeren Mengen herstellen, wäre es wohl ein silbriges Metall wie sein nächster Verwandter, das chemisch unspektakuläre Lutetium. Das Interessanteste am Lawrencium dürfte damit der Mann bleiben, nach dem es benannt ist.

Palladium

Chemie ist wie Kochen: Das Ergebnis hängt von den Zutaten ab sowie den thermischen und mechanischen Prozessen (etwa Braten oder Rühren), die man ihnen angedeihen lässt. Weitere Faktoren – ob Zaubersprüche oder Mondphasen – scheint es nicht zu geben. Dennoch gibt es bei vielen chemischen Synthesen etwas, das an Magie erinnert: Katalysatoren, also Stoffe, die durch ihre bloße Anwesenheit eine Reaktion steuern oder erst ermöglichen, ohne dabei verbraucht zu werden.

Nicht selten sind solche Katalysatoren Metalle. Ein besonders potentes ist das Palladium. Dieses Edelmetall – benannt nach dem Asteroiden Pallas – ist härter, etwas zäher und etwas häufiger als das ihm sehr ähnliche Platin. Zusammen mit diesem und vier weiteren Elementen bildet es die Schar der Platinmetalle. Palladium ist das leichteste von ihnen und das chemisch aktivste. Das zeigt sich schon an der fröhlichen Farbenvielfalt jener Palladiumverbindungen, in denen die Metallatome zwei ihrer Elektronen abgegeben haben. Palladium kann aber auch in mehreren anderen Elektronenzuständen Verbindungen bilden, und es wechselt diese Zustände auch gerne. Genau dieser Eigenschaft verdankt das Palladium seine katalytische Potenz.

Ein anderer Zug ist seine Vorliebe für Wasserstoff. Massives Palladium speichert das Dreihundertfünfzig- bis Dreihundertachtzigfache seines Volumens an Wasserstoff, das fein verteilte Metall fasst sogar das Vieltausendfache. Das hat damit zu tun, dass Palladium die Wasserstoffmoleküle aufspaltet und reaktionsfreudige Hydride bildet. Dies macht man sich katalytisch zunutze, wenn es gilt, Wasserstoff an Kohlenstoffgerüste anzulagern. Einmal aber hat seine Liebe zum Wasserstoff das Palladium ins Gerede gebracht: als die Chemiker Martin Fleischmann und Stanley Pons 1989 behaupteten, bei der Elektrolyse schweren Wassers mit einer Palladiumkathode eine Energieproduktion durch »kalte Kernfusion« erzielt zu haben. Der bei der Elektrolyse entstandene schwere Wasserstoff, so die Idee, musste in der Enge des Palladiums zu Helium verschmolzen sein. Leider ist die Theorie höchst fragwürdig, und die experimentellen Resultate konnten nie verifiziert werden. Jede Magie hat eben ihre Grenzen.

Quecksilber

Dichte Quecksilberwolken ballen sich über dem Äquator – zum Glück nur auf dem Stern Alpha Andromedae, dem ersten, bei dem es Astronomen gelang, eine Art Wetterkarte seiner Oberfläche zu erstellen. Hienieden allerdings hören wir vom Element Quecksilber gar nicht gern. Im Altertum schätzte man es noch als eines der sieben damals bekannten Metalle, wohl auch, weil sein wichtigstes Mineral, der Zinnober, nicht giftig ist. Das Metall selbst übrigens auch nicht. Ebenso wenig wie viele Amalgame, darunter das, mit dem man Zahnlöcher stopft. Amalgame sind Lösungen anderer Metalle in Quecksilber, dem neben Brom einzigen bei Raumtemperatur flüssigen chemischen Element.

Ein in Quecksilber unlösliches Metall ist das Eisen, aus dem man daher Flaschen zur Aufbewahrung der schweren Flüssigkeit herstellt. Dass darauf ein Totenkopf prangt, liegt, wie gesagt, nicht am Metall, sondern an den Dämpfen, die es schon bei Raumtemperatur in erheblichen Mengen absondert. In dieser Form gelangt es über die Lunge schnell ins Blut und von dort aus ins Hirn, wo es zu Ionen oxidiert und angereichert wird. Dann blockiert es Enzyme und führt so zu neurologischen Schäden bis hin zu Tod und Verblödung.

Noch fieser als Quecksilberionen sind die organischen Verbindungen des Elements. Wenige Tropfen Dimethylquecksilber auf eine mit einem Latexhandschuh geschützte Hand können einen Menschen töten. Tatsächlich gehören Methylquecksilber-Verbindungen zu den ersten industriellen Umweltgiften, auf die man aufmerksam wurde – die Fotos von Opfern aus dem japanischen Minamata erschütterten die Welt Anfang der 1970er, noch vor Seveso. Allerdings verseucht sich Mutter Erde mit dem toxischen Edelmetall auch selbst. Etwa durch Vulkane. Allein am Kilauea auf Hawaii wurde ein Quecksilberausstoß von 260 Tonnen pro Jahr gemessen. Vor fünf Jahren beobachtete man, dass auch Waldbrände Quecksilber freisetzen. Und wie man 2007 herausfand, übersteigen diese Emissionen auf der Südhalbkugel in der Waldbrandsaison die Mengen an Quecksilber in der Luft, die der Mensch zu verantworten hat. Nicht alle Giftwolken qualmen aus unseren Schloten. Alpha Andromedae ist überall.

Molybdän

Wie weit ist Iran von der Bombe entfernt? Dank des Elements Molybdän noch ziemlich weit, will die Zeitschrift *Nature* im Jahr 2006 von einem amerikanischen Regierungsbeamten erfahren haben. Das seltene Metall findet sich nämlich unter anderem in Uranerzen und gelangt von dort auch in das Ausgangsprodukt für die Urananreicherung, das gasförmige Uranhexafluorid. Es daraus zu entfernen ist einer der Kunstgriffe, die jeder beherrschen muss, der eine Uranbombe bauen will. Andernfalls verstopft ihm das Molybdän die Gaszentrifugen.

Außerhalb Irans ist das Element aber sehr beliebt. Seit 1997 ist der Marktpreis um 650 Prozent gestiegen, ähnliche Zuwachsraten verzeichnete sonst nur das für Flachbildschirme wichtige Indium. Schuld sind vermutlich wieder mal die Chinesen, die Stahl kochen, dass es nur so brodelt. Denn Molybdän ist ein beliebtes Ingrediens für hochfeste Stähle. Da zeigt sich seine Verwandtschaft zu Chrom, mit dem es auch die Eigenschaft teilt, eine farbenprächtige Palette von Verbindungen zu bilden.

Eine Molybdänverbindung aber macht optisch gar nichts her. Jedenfalls nicht im sichtbaren Licht. Infrarotlicht dagegen lässt das bleigraue Molybdändisulfid (MoS_2) durch und spaltet es dabei in zwei Strahlen auf – und zwar stärker als jede andere bekannte Substanz. Der Grund für diese sogenannte Doppelbrechung ist die Schichtstruktur des MoS_2. Der verdankt es auch die Eigenschaft, abzufärben wie Bleiglanz oder Graphit. In der Antike hat man daher auch alle drei Substanzen mit demselben Wort »molýbdaina« benannt, vom griechischen »molybdos« für »Blei«. Wie im Graphit macht die Schichtstruktur MoS_2 zu einem potenten Schmiermittel – und das ist noch heute sein Haupteinsatzgebiet. Neuerdings schätzt man allerdings auch die katalytischen Fähigkeiten von MoS_2-Nanostrukturen. So haben dänische Forscher herausgefunden, dass es die Ecken der Partikel sind, die etwa die Bildung von Wasserstoffgas katalysieren.

Giftig ist das Schwermetall Molybdän übrigens auch nicht. Tatsächlich ist es ein essentielles Spurenelement (das schwerste überhaupt) vor allem für stickstofffixierende Pflanzen, aber auch für Menschen. Nein, die Mullahs sind wirklich die Einzigen, die mit dem Molybdän Probleme haben. Und das kann gerne so bleiben.

Kupfer

Ötzi hatte es schon – und durch unseren elektrischen Alltag windet es sich heute überall. Kupfer ist das Lieblingselement fortschrittsfroher Menschen, mehr als das Eisen – obwohl man natürlich auch aus Kupferlegierungen Waffen gießen kann. Allerdings auch Glocken.

Reines Kupfer ist nach Silber der beste Leiter für Wärme und Elektrizität. Und ziemlich hart ist es – immerhin konnte Ötzi mit seinem Beil Bäume fällen –, aber zugleich zäh. Wird ein Kupferstab längs auseinandergezogen, dehnt er sich um 50 Prozent, bevor er reißt.

In jedem Fall ist es eines der schönsten Elemente. Dem Wort Buntmetall werden auch viele Verbindungen des Kupfers gerecht. Angefangen bei der grünen Patina, die Bronzeflächen durch Korrosion noch veredelt, gibt es alle Grüntöne bis hin zum Mineral Türkis und zum tiefblauen Kupfersulfat, das sich in Glycerin allerdings mit smaragdgrüner Farbe löst. Das klingt giftig, ist es aber nur für Algen, Kleinpilze und Bakterien – und das mag hinter der Haushaltsweisheit stecken, nach der Schnittblumen in Kupfergefäßen länger frisch bleiben. Pflanzen lieben

Kupfer aber auch so. Es fördert die Bildung von Chlorophyll, weswegen Kupfersulfatdüngung manchen Gewächsen zu satterem Grün verhilft.

Für Menschen schließlich ist es ein essentielles Spurenelement. Natürlich kann man es auch hier übertreiben. In sehr hohen Mengen führen Kupfersalze zum Erbrechen, weswegen man etwa Kupfersulfat bei Vergiftungen verabreicht.

Nur bei Säuglingen ist mit stark kupferhaltigem Trinkwasser auf die Dauer nicht zu spaßen. Sie können Kupferionen noch nicht so gut ausscheiden und reichern sie in der Leber an, wo sie durch Bindung an Proteine giftig werden. Dadurch kann das Baby sogar eine Leberzirrhose entwickeln. Es gab sogar Todesfälle, allerdings waren die Kinder nicht gestillt und ihr Brei aus dem sauren Wasser hauseigener Brunnen zubereitet worden – zu saures Wasser löst Metallionen aus kupfernen Leitungen. Das spüren nicht nur Babys, denn Kupferionen melden sich mit einem metallischen Geschmack. Wer daher seinen Salat mit viel Essig mag, sollte ihn vielleicht nicht unbedingt in einer Kupferschüssel anmachen.

Lutetium

Er wisse, was er seinen Kunden schuldig sei, sagt Verleihnix, der Fischhändler aus dem kleinen gallischen Dorf, als wieder einmal Kritik an seinem Frischemanagement laut zu werden droht. Daher fange er seine Fische nicht vor Ort, sondern beziehe sie nur aus Lutetia.

Lutetia heißt inzwischen Paris und ist als Endstation der von Dopingskandalen geplagten Tour de France heute zuweilen ein Ort allgemeinen Naserümpfens. Dabei ist nach der Stadt sogar ein Element benannt. Das verdankt sie nicht nur dem Pariser Chemiker George Urbain, der das Metall im Jahr 1907 isolierte, sondern auch dem Niedergang der deutschen Wissenschaft, den die Nationalsozialisten ja sehr effizient befördert hatten. Noch bis 1949 hieß das Element hierzulande »Cassiopeium«. So hatte es Carl Auer Freiherr von Welsbach getauft, als er es zeitgleich mit Urbain entdeckte.

Bis dahin hatte man das Lutetium nicht vom Yttrium unterscheiden können. Und noch heute ist es sehr schwierig, es von anderen Metallen aus der Gruppe der sogenannten Seltenen-Erden-Elemente zu trennen. Das ist auch der Grund dafür, warum

Lutetium fast achtmal so viel kostet wie Gold, obwohl es fünfhundertmal häufiger ist. Aber über billigere Verfahren zur Lutetiumgewinnung nachzudenken lohnt sich einfach nicht, ist das Metall doch zu so gut wie gar nichts nütze. Einzig in Positronen-Emissions-Tomographen findet man es, denn Cerdotiertes Lutetiumorthosilikat eignet sich zum zeitgenauen Nachweis der Gammastrahlen, auf den es bei diesem medizinischen Diagnoseverfahren ankommt. Ansonsten haben nur Geologen, die sich für Meteoriten oder frühe Erdgeschichte interessieren, mit dem Element zu tun. Lutetium-176 zerfällt mit einer Halbwertszeit von 38 Milliarden Jahren zu Hafnium-176, weshalb man aus dem Verhältnis der Isotope uralte Gesteine datieren kann.

Ob Lutetium dagegen eine biologische Wirkung hat, ist unbekannt. Meldungen, nach denen es den Kreislauf anzuregen vermag, sind nichts als Gerüchte. Allerdings, mit dem verwandten Element Lanthan wurden Erfolge in der Schweinemast erzielt. Vielleicht lassen sich mit Lutetium ja Radsportler dopen. Darauf kämen die Kontrolleure bestimmt nicht so schnell.

Platin

Sind die Aktienkurse mal wieder im Keller, laufen die Edelmetalle nicht selten zu großer Form auf. So hat sich nach 2001 etwa der Platinpreis ganz ordentlich entwickelt.

Doch Vorsicht. Anders als Gold ist das mattsilberne Metall technisch zu allerhand zu gebrauchen, sein Wert wird damit nicht nur börsenpsychologisch bestimmt. So hängt der Platinpreis auch davon ab, wie es der Automobilbranche geht, seit dort der Katalysator Einzug hielt. Denn fein verteiltes Platin vermag Gasmoleküle anzulagern und dabei zu destabilisieren, so dass sie sich leichter zu chemischen Reaktionen bewegen lassen, etwa solchen, die sie unschädlich machen.

Daher hat der »Kat« die Platinkonzentration entlang deutscher Autobahnen seit 1984 um mehr als das Hundertfünfzigfache steigen lassen. Ein Umweltproblem ist das nicht. Auch als Staub bleibt Platin am liebsten elementar. Solange es also nicht Salz- und Salpetersäure regnet, wird der Katalysatorenschmauch kaum »bioverfügbar«. Hat man es allerdings erst geschafft, das reaktionsträge Element in eine seiner farbigen Verbindungen zu zwängen, ist es nicht mehr ganz so harmlos. Die

Salze der Hexachloroplatinsäure gehören zu den stärksten synthetischen Allergenen. Und die orangeroten Kristalle des cis-Diammindichloroplatin(II), bekannt als »Cisplatin«, sind ein potentes Zellgift in der Chemotherapie.

Lange vor der Karriere des Platins in Katalysatoren oder Spezialchemikalien begann natürlich die des Schmuckmetalls. Platinlegierungen waren schon den präkolumbianischen Kulturen Südamerikas bekannt. Ihre spanischen Eroberer dagegen hielten das Metall für »unreifes Gold«, das lediglich Fälschern nütze, da das »Silberchen« (platina), wie sie es nannten, fast die gleiche Dichte hat wie Gold. Erst als es im 18. Jahrhundert technisch möglich wurde, das bei 1769 °C schmelzende Platin zu verarbeiten, wurde es plötzlich begehrter als das gelbe Metall. Rein ästhetische Gründe hatte das nicht. Vielmehr bot Platin nun den ganz Reichen und Mächtigen eine Möglichkeit, sich von ihren nur goldgeschmückten Standesgenossen abzuheben. Daran dürfte sich bis heute nichts geändert haben. Nur dass man das Metall heute im Tresor lassen kann, um sich ganz reich zu fühlen.

Seaborgium

Es gibt seltsame Hobbys. So trachten manche Leute danach, sich eine möglichst vollständige Sammlung von Proben aller chemischen Elemente anzulegen. Der vielleicht berühmteste Elementsammler ist der britische Neurologe und Autor Oliver Sacks – und der erfolgreichste der Amerikaner Theodore Gray. Dieser fertigte für seine Sammlung ein spezielles Möbel an, den »Periodic Table Table«, der ihm im Jahr 2002 den berüchtigten IgNoble-Preis für Chemie einbrachte.

Dabei ist konsequentes Elementsammeln eine echte Herausforderung. Der Erwerb von Platinmetallen etwa kann einen ruinieren, mit Plutonium oder Polonium kann man sich zugleich strafbar machen und in Lebensgefahr begeben. Und es gibt das Unmögliche. Etwa eine Probe Seaborgium zu ergattern. Denn dies ist wieder eines jener Elemente, von denen es nie mehr als ein paar Atomkerne gab.

Die ersten wurden 1974 durch Beschuss von Blei mit Chromkernen oder von Californium mit Sauerstoff erzeugt – und überlebten keine Sekunde. Das stabilste heute bekannte Isotop, Sg-271, zerfällt mit einer Halbwertszeit von 2,4 Minuten. Immerhin ließ sich zeigen, dass Seaborgium chemisch dem Wolfram nahesteht, wie es sein Ort im Periodensystem erwarten lässt.

Ähnlich wie bei anderen in Beschleunigern künstlich erzeugten Elementen war auch bei diesem, dem »Element 106«, lange zwischen russischen und amerikanischen Forschern strittig, wer ihm einen Namen geben darf. Erst 1997 bekamen die Amerikaner den Zuschlag. Ihre Namenswahl erregte gleichwohl Unmut. Denn Glenn T. Seaborg, der Chemiker, der an der Entdeckung von nicht weniger als zehn Elementen (einschließlich des nach ihm benannten) beteiligt war, starb erst 1999. Seaborg ist damit der einzige Mensch, der zu Lebzeiten buchstäblich in seinem Element war – ein Umstand, der Oliver Sacks so beschäftigte, dass er für Seaborg ein T-Shirt mit der Aufschrift »I am in my Element« bedrucken ließ. Er schenkte es schließlich Theodore Gray für das entsprechende Fach in seinem Periodic Table Table. »Reinheit null Prozent«, schreibt Gray auf seiner Website neben das Bild seiner »Probe« Seaborgium. So kann man mit Unmöglichem auch umgehen.

Bor

Gibt es irgendwo außerirdisches Leben ohne Kohlenstoffchemie? Viele Science-Fiction-Autoren haben schon darüber gegrübelt, wie die ärgerlich speziellen Anforderungen an Wärme und Feuchtigkeit zu umgehen wären, die für »Leben, wie wir es kennen«, erfüllt sein müssen. Meist verfiel man auf den nächsten chemischen Verwandten des Kohlenstoffs, das Silicium.

Vielleicht sollten sich die Alien-Sucher mal das Bor näher anschauen. Auch dieses Element kann mit einer aufregend komplexen Chemie aufwarten. So gibt es einen ganzen Kosmos an Wasserstoffverbindungen, die Borane. Und mit Stickstoff bildet es Borazin, eine wohlriechende Flüssigkeit aus ringförmigen Molekülen, die dem Benzol ähnelt. Allerdings wäre eine Bor-Biochemie völlig exotisch. Denn anders als Kohlenstoff bilden Boratome untereinander keine Mehrfachbindungen, sondern eigentümliche »Dreizentrenbindungen«, bei denen sich drei Boratome (oder zwei Boratome und ein Wasserstoffatom) ein Elektronenpaar teilen.

Bor-Organismen hätten allerdings ein Problem: Wasser wäre für sie nicht nur unnötig, sondern extrem giftig und würde sie sofort zu Borsäure zersetzen. Deren Abkömmling, das Mineral Borax, ist denn auch die Form, in der das Element auf der Erde hauptsächlich anzutreffen ist. Auch Elementares Bor kommt in der Natur nicht vor. Im Labor erhält man es als schwarze glasige Substanz oder in verschiedenen, nicht viel schöneren kristallinen Formen. Optisch enttäuschend ist auch das Bornitrid, das fast so hart ist wie Diamant und das man zur Emission von ultraviolettem Licht anregen kann.

Anders als Wasser für die Bor-Aliens ist das Bor für uns weitgehend harmlos. Für Pflanzen ist es sogar ein essentielles Spurenelement. Allerdings ist es ziemlich selten – nicht nur auf der Erde, sondern überhaupt im Universum. Denn anders als Kohlenstoff oder Silicium ist es kein Endprodukt der Kernverschmelzungsprozesse im Inneren der Sterne. Dies spricht dann wieder gegen die Existenz ganzer Planeten mit Bor-Biosphäre. Schade eigentlich.

Protactinium

Die Metalle aus der Gruppe der Actinoide sind so etwas wie der Gruselkeller des Periodensystems der Elemente. Das Uran findet sich dort, aber auch das übel beleumundete Plutonium. Das Protactinium ist allerdings ein kaum harmloseres Strahlengift, seine mangelnde Prominenz so gesehen ein gutes Zeichen. Man kennt es eigentlich nur als Zerfallsprodukt des Urans. Sein langlebigstes Isotop, Pa-231, zerfällt mit einer Halbwertszeit von 32 700 Jahren in Radium und weiter in Actinium, ist also dessen Vorläufer, weswegen Otto Hahn und Lise Meitner das Element erst »Protoactinium« nannten, was der internationalen Chemikergemeinde aber zu schwierig war. So flog das zweite »o« raus.

Aufgrund der geologisch kurzen Halbwertszeit kann sich Protactinium in Uranerzen kaum anreichern und ist daher extrem selten. Die größte Menge, die je zusammenkam, waren 125 Gramm – ein etwa zwei Zentimeter großes Stück. Man gewann es 1961 in England aus 60 Tonnen Atommüll. Der Spaß kostete damals etwa eine halbe Million Dollar, hat sich aber gelohnt, denn ohne diese Probe wüsste man weit weniger über

Protactinium. Und das wäre schade. »Protactinium macht eine ganz komische Chemie, vielleicht die schwierigste im ganzen Periodensystem«, sagt der Radiochemiker Andreas Kronenberg vom Oak Ridge National Laboratory. Verblüffend ist etwa, dass das Element sich zwar überall so verhält wie ein anständiges Actinoid, nur nicht, wenn man seine meist farbigen Salze in Wasser auflöst. Dann tut es so, als sei es mit den Elementen Niob oder Tantal verwandt.

Immerhin verdanken wir diesem Verhalten einen nützlichen Effekt: Zerfallen Atome des in Spuren im Meerwasser gelösten Urans, geht das entstandene Protactinium chemisch fremd. Es lagert sich in die Ozeansedimente ein, und indem es dort weiter zerfällt, startet eine radiochemische Uhr, anhand deren man die Sedimente datieren kann – zum Wohle der Geologie und damit letztlich der Menschheit. Wenn man sie nur richtig einsetzt, sind also auch die Actinoide gar nicht so schlimm wie ihr Ruf.

Antimon

Was für ein seltsames Wort. Tatsächlich weiß niemand, woher das Element Antimon seinen deutschen Namen hat. Am plausibelsten klingt noch die Ableitung vom griechischen »Anthémion« (Blume), nach den floralen Strukturen, in denen seine bröselige metallische Form kristallisiert.

Eine andere Erklärung des Namens schreibt ihn dem Wirken des alchemistisch interessierten Erfurter Benediktiners Basilius Valentinus zu. Der soll im 15. Jahrhundert aus Versehen seine Mitbrüder vergiftet haben, als er an ihnen einen an Schweinen beobachteten Effekt verifizieren wollte, wonach man durch den Verzehr von Stibium mehr Körperfett ansetzt. Stibium ist der antike Name des Antimons oder seines schwefeligen Erzes, der sich unter anderem in dem Elementsymbol »Sb« erhalten hat. Aus Basilius' Befund, dass Stibium offenbar »gegen Mönche« (anti monachōn) wirke, soll dann der Name entstanden sein.

Die Story dürfte aber kaum stimmen – und zwar nicht nur, weil Basilius Valentinus nur in seinen Schriften nachweisbar ist, die wahrscheinlich alle Fälschungen aus dem frühen 16. Jahrhundert sind. Vielmehr ist es schwer, jemanden mit Antimon umzubringen. Intravenös verabreicht, ist es zwar ähnlich giftig wie das chemisch engverwandte Arsen. Doch seine Verbindungen verursachen einen starken Brechreiz – und was dann trotzdem noch drinbleibt, gelangt nur schwer vom Verdauungstrakt ins Blut. Beruhigend ist das vor allem für ältere Beschäftigte des Druckgewerbes. Dieser Berufsstand war in der Neuzeit wohl am meisten dem Antimon ausgesetzt, war es doch zu bis zu 30 Prozent in der Bleilegierung enthalten, aus der man Lettern goss.

Die Zeiten sind nach Einführung des Computersatzes zwar vorbei, trotzdem steigt der Antimonverbrauch der Industrie ständig, und das meiste endet in den Bleianoden von Autobatterien. Reines Antimon wird nur für die Herstellung spezieller Halbleitermaterialien gebraucht, etwa Indiumantimonid. Wie in den ubiquitären Bleilegierungen ist es damit auch dort »nie allein«. Griechisch soll das mit »antimonōs« umschrieben werden können – eine weitere mögliche Erklärung des Namens.

Cadmium

Das Cadmium ist der fiese Zwilling des freundlichen Zinks. In so ziemlich jeder Form ist es giftig: das weiche Metall ebenso wie der braune Rauch aus Cadmiumoxid, zu dem es bei starkem Erhitzen verbrennt. Auch vor dem zitronengelben Cadmiumsulfid sollte man sich hüten, was für Maler aber nicht immer einfach ist. Die schätzen »Cadmiumgelb« als Pigment mit hoher Beständigkeit. Zudem erhält man daraus durch Mischung mit anderen Verbindungen, etwa dem roten Cadmiumselenid, ein ganzes Spektrum von Farben (nur kein Blau). Grüne Cadmiumfarben haben auch im Infraroten sehr ähnliche Reflexionseigenschaften wie Gras und Laub und sind daher für Tarnanstriche beliebt.

Das Farbenspiel der Cadmiumchemie hat allerdings Grenzen. Seine wasserlöslichen Salze sind meist farblos, haben aber oft perlmuttartigen Glanz. Cadmiumacetat etwa verleiht Porzellanglasuren einen irisierenden Schimmer. Das dürfte neben den Nickel-Cadmium-Batterien eine der wenigen noch zulässigen alltagsnahen Verwendungen des Elementes sein. Denn aus Glasuren können sich die Metallatome kaum lösen, und die Batterien bringt ja jeder von uns brav zum Sondermüll. Trotzdem nehmen wir mit der Nahrung Cadmium bis zur Hälfte des von der WHO ermittelten kritischen Grenzwertes auf. Noch einmal doppelt so belastet sind mal wieder die Raucher.

Daran, dass das eigentlich recht seltene Element heute überall herumschwirrt, ist wohl vor allem die Metallverhüttung schuld, wobei Cadmium sich nicht nur in dem Zinkerz findet, von dessen griechischem Namen »Kadmeia« es seinen Namen hat. Die große chemische Ähnlichkeit mit dem Zink ist übrigens genau der Grund für die Giftigkeit des Elements: Die schwereren Cadmiumatome können in vielen lebenswichtigen zinkhaltigen Enzymen den Platz des leichten Zinks einnehmen – und sie damit ruinieren, wie Bleigewichte, die man wahllos in ein Uhrwerk hängt. Nur wenn der Mensch noch voll und ganz evolutionären Mechanismen ausgesetzt wäre, könnte er sich vielleicht einmal an die Cadmiumpegel des Metallzeitalters gewöhnen. Bislang ist es einzig die Kieselalge *Thalassiosira weissflogii*, die sich Cadmium biochemisch zunutze macht – offenbar aber nur, weil es in ihrem Lebensraum nicht genügend Zink gibt.

Rhodium

In den Achtzigern bekamen Gymnasiasten, die von übermäßiger Hermann-Hesse-Lektüre kurzsichtig geworden waren, merkwürdige Brillen verpasst: mit bildschirmförmigen Gläsern und silberglänzenden Gestellen. Da die Opfer aknebedingt nur höchst ungern in den Spiegel sahen, hatte der Optiker meist leichtes Spiel. Im Zweifelsfall half der Hinweis: »Das Gestell ist natürlich rhodiniert.«

Tatsächlich war es das Element Rhodium, dem sich der unmögliche Spiegel-Look verdankte. Eine hauchdünne Schicht davon genügt, um Metalloberflächen spiegelblank zu machen – und unverwüstlich. Denn Rhodium ist hart und zäh zugleich. Es vereint damit Eigenschaften, die auch bei seinen Elementgeschwistern, den Platinmetallen, sonst nur getrennt vorkommen. Auch chemisch ist es eines der beständigsten Metalle überhaupt. Massivem Rhodium kann keine Säure etwas anhaben. Nur in Schmelzen bestimmter Salze löst es sich, und damit es an der Luft korrodiert, muss man es schon auf 600 °C erhitzen.

Da verwundert es, dass einem das Rhodium nicht häufiger begegnet. Tatsächlich findet man es, ob auf Schmuckmetall oder hochwertigen Steckkontakten, fast nur in Form galvanischer Überzüge. Aus massivem Rhodium sind allenfalls Labortiegel für Extremchemiker. Denn zum einen ist das Metall höllisch schwierig zu verarbeiten: Es schmilzt erst bei fast 2000 °C und löst dann Sauerstoff, der beim Erstarren unter Spratzen wieder entweicht. Zum anderen ist es extrem teuer. Ein Gramm Rhodium kostet um die 200 Dollar, fast fünfmal so viel wie Platin, das derzeit zweitteuerste Edelmetall.

Schuld daran ist nicht nur die Seltenheit des Metalls, dessen rote Salze ihm den vom griechischen »rhodon« für »Rose« abgeleiteten Namen eingebracht haben. Auch der hohe Bedarf an rhodiumhaltigen Katalysatoren treibt den Preis. Unentbehrlich sind diese zum Beispiel für die effiziente Herstellung der Grundchemikalie Salpetersäure. Neuartige Treibstofftechnologien, die den Rhodium-Bedarf der Autoindustrie erhöhen, könnten genau daran scheitern. Da mag vielleicht geschicktes Recycling helfen – etwa spezielle Wertstofftonnen für alte Brillen.

Dysprosium

Unter den chemisch sowieso schon etwas öden Elementen der Seltenen Erden ist es das vielleicht langweiligste. Dysprosium ist so durchschnittlich, dass einem die Tränen kommen: ein Metall, das an der Luft bröselig korrodiert – wie viele andere auch. Es ist weder hart noch übermäßig weich. Es ist selten, aber nicht sehr. Und wie es auf den Organismus wirkt, ist kaum erforscht. Warum auch.

Dysprosium ist so unauffällig, dass man es erst spät entdeckte. Und obwohl man es in allen typischen Seltenen-Erden-Mineralen findet, lässt es sich nur schwer isolieren, weswegen man es nach dem griechischen Wort für »unzugänglich« benannte. Aber viel anfangen konnten die Chemiker mit dem Neuzugang in ihrem Reich nicht.

Anders die Physiker. Deutschen Kernforschern im Dritten Reich diente es zum Nachweis von Neutronen aus der Kernspaltung. Heute wird die Fähigkeit des Isotops Dy-164 zur Neutronenabsorption für Abschirmungen in Kernreaktoren genutzt. Kurios ist das Isotop Dy-163. Dessen Atomkerne sind in neutralen Atomen stabil. Entfernt man aber die Elektronenhüllen, werden sie radioaktiv und zerfallen mit einer Halbwertszeit von 48 Tagen. Da verwundert es nicht, dass die Talente des Dysprosiums schließlich in einer physikalischen Disziplin zum Vorschein kamen: Das Metall und vor allem sein Oxid ist stark paramagnetisch: Dy_2O_3-Moleküle werden durch äußere Magnetfelder so stark magnetisiert wie sonst nur die des Oxids seines Schwesterelements Holmium. Allerdings verschwindet der Magnetismus nach Abschalten des äußeren Feldes wieder – Dysprosium ist nicht ferromagnetisch, es sei denn, man kühlt es auf unter minus 185 °C ab.

Magnetische Werkstoffe sind heute eines der Haupteinsatzgebiete dieses Nischenmetalls – etwa Terfenol-D, eine Legierung aus Terbium, Eisen und Dysprosium, die sich bei Anlegen eines Magnetfeldes ausdehnt. Damit lassen sich etwa sogenannte Soundbugs bauen, computermausgroße Apparate, die ebene Flächen – etwa S-Bahn-Fenster – in Lautsprecher verwandeln. Sollte derlei einmal provokationslüsternen Teenies in die Hände fallen, wird das Element seinem Namen in doppelter Bedeutung Ehre machen. Dysprósodos heißt nämlich nicht nur »unzugänglich«, sondern auch »unausstehlich«.

Wolfram

Mit Hitze kriegt man alles weich. Bei manchen Stoffen muss man allerdings ganz schön aufdrehen. Den Rekord hält hier das Element Wolfram. Es wird bei einer Temperatur flüssig, bei der sich Eisen längst in Gas verwandelt hat, und verdampft erst oberhalb 5500 °C – so heiß ist es auf der Oberfläche der Sonne.

Kein Wunder also, dass die Fusionsforscher, die Sonnenfeuer zwecks sauberer Energieerzeugung gerne auf die Erde holen würden, irgendwann auf die Idee kamen, ihre Versuchsreaktoren mit dem stahlgrauen Schwermetall auszukleiden. Am Max-Planck-Institut für Plasmaphysik in Garching etwa verwendet man wolframbeschichtete Kohlenstoffkacheln. Nun laufen die Kernverschmelzungsreaktionen, die man dort erforscht, bei vielen Millionen Grad ab, und da wird es auch dem Wolfram zu viel. Allerdings sorgt ein starkes Magnetfeld dafür, dass das heiße Fusionsgut nicht die Gefäßwand berührt.

In Garching ist man daher eher auf eine andere Eigenschaft festen Wolframs aus, nämlich die, kaum Atome abzudampfen, auch nicht unter ständigem Beschuss mit Wasserstoffatomen, die dem Magnetfeld entwischen. Das wiegt auch eine unerwünschte Eigenschaft des Metalls auf: Seine Atome haben sehr viele Elektronen. Einmal aus der Reaktorwand herausgelöst, verlieren sie diese bei der Hitze – und rauben dem Fusionsgemisch dadurch Energie.

Sollte die Fusion einmal dank Wolfram klappen, dann wäre es nach dem Faden in der Glühbirne der zweite Segen, den das weitgehend ungiftige Metall über die Menschheit bringt. Auch sonst ist Wolfram aus unserer Hochleistungstechnik nicht wegzudenken; ob in Raketendüsen oder Hitzeschilden für die Raumfahrt oder als Wolframcarbid in den Schneidwerkzeugen für Metallindustrie und Bergbau. Selbst seinem sehr hohen spezifischen Gewicht konnte man schon Positives abgewinnen: Im Segelsport sorgen Kielbomben aus Wolfram für die Stabilität der Rennboote bei minimalem Wasserwiderstand. Und Bassgitarren, deren Saiten mit Wolframdraht umsponnen sind und daher träger schwingen, klingen besonders tief. Dass man aus dem Metall auch Geschosse besonderer Wucht herstellen kann, ist die andere Seite der Medaille.

Holmium

Jedes Jahr im Herbst blickt alles nach Stockholm. Immer Anfang Oktober wird in der schwedischen Hauptstadt verkündet,
wer zwei Monate später aus der Hand des Königs den Nobelpreis empfangen wird. In Stockholm wird damit ständig Wissenschaftsgeschichte geschrieben, denn die Ehrung eines Ent-
deckers durch den angesehensten aller Forscherpreise gehört
ebenso zur Historie wie die Entdeckung selbst. Schon vor der
Stiftung des Preises kam die Ostseemetropole selber zu ewigen
wissenschaftlichen Ehren, als 1879 der Chemiker Per Teodor
Cleve (1840 bis 1905) aus einer unreinen Probe Erbiumoxid zwei
neue Elemente isolierte und eines davon, das Holmium, nach
seiner Geburtsstadt benannte.

Das Holmium gehört zu den Seltenen-Erden-Elementen, und
wie die meisten dieser Gruppe handelt es sich um ein silber-
graues, weiches Metall, das an feuchter Luft oxidiert. Im Falle
des Holmiums ist das Oxid gelb, ebenso wie die meisten anderen seiner Verbindungen. Lediglich das Fluorid ist rosa. In
nennenswerten Mengen kommt Holmium nur in exotischen
Mineralien vor. Insgesamt ist es allerdings häufiger als Queck-

silber oder Iod. Das hat nicht verhindert, dass das Holmium ein chemisches Mauerblümchen blieb, was auch daran liegt, dass es seinen Seltenen-Erden-Geschwistern so sehr ähnelt. Nur mit Mühe lässt es sich von ihnen abtrennen, und großartige neue Eigenschaften erwartete man von ihm lange nicht.

Erst in den letzten Jahren kam Bewegung in diese trübe Existenz, und ein Berufsstand lernte das Holmium lieben: Urologen schwören auf Laser, die es enthalten. Ihr Licht wird von Wasser besonders effizient absorbiert. Damit können Holmium-Laserstrahlen, die per Glasfaser in die Harnwege geleitet werden, dort nicht nur Steinchen aller Art zerbröseln. Mit der sogenannten Holmium-Laser-Enukleation lässt sich auch schonend eine vergrößerte Prostata zurückstutzen, und zwar so, dass sich das abgetragene Drüsengewebe noch auf bösartige Zellen prüfen lässt. Ein kleiner – und daher kaum nobelpreisverdächtiger – Schritt für die Menschheit. Aber ein großer für so manchen betroffenen Mann.

Niob

Das Problem bei provokanten Modemaßnahmen ist, dass man sie nicht immer brauchen kann. Was etwa macht der gepiercte Mitbürger mit seinem Nasenring, wenn er tagsüber als Banklehrling in Schlips und Kragen hinterm Schalter stehen muss?

Er könnte zu einem »Septum keeper« aus Niob greifen. Der kleine Stift verhindert, dass die Nasenscheidewand (septum nasi) bis zur nächsten Party wieder zuwächst. Niob hat da zwei entscheidende Vorteile. Es erregt, soweit bisher bekannt, keine allergischen Reaktionen, und es lässt sich durch Eloxieren, also galvanisches Auftragen einer Oxidschicht, so dunkel färben, dass auch gepiercte Himmelfahrtsnasen gut getarnt bleiben. Das Metall, das chemisch eng mit dem Tantal verwandt ist und aus den gleichen exotischen Erzen gewonnen wird, ist zudem nicht allzu teuer – jedenfalls für hiesige Gesichtsmetallträger. Für die Minenarbeiter in den Erzeugerländern, die sein wichtigstes Mineral, das Columbit, unter nicht selten unmenschlichen Bedingungen aus der Erde holen, kann das zuweilen anders aussehen. Vom Columbit stammt auch der Name »Columbium«, den das Niob bis 1949 in der angelsächsischen Welt trug.

Auch äußerlich wird Niob gerne getragen. Zwar ist es selbst nur von silbergrauer Farbe, doch je nach Dicke der aufeloxierten Oxidschicht glänzt es auch blau, grün oder rot. Es sind sogenannte Interferenzfarben, bei deren Entstehung die Tatsache hilft, dass Niobpentoxid das Licht stark bricht. Die Verbindung ist daher auch Gläsern zugesetzt, aus denen man Kameraobjektive und Brillen herstellt. Viel wichtiger ist Niob allerdings als metallurgische Zutat in hochfesten Stählen, etwa für Hochspannungsmasten oder Brücken. Ein anderer Vorzug ist, dass Niob und manche seiner Legierungen bei niedrigen Temperaturen supraleitend werden – also Strom verlustlos leiten – und es auch bei hohen Magnetfeldstärken bleiben. Daher findet man es in Teilchenbeschleunigern und Kernspintomographen.

In der Medizin könnte es im Prinzip genauso eine Rolle als Material für Implantate spielen wie sein schwerer Zwilling Tantal. Allerdings ist die Frage noch offen, wie egal gelöste Niobverbindungen dem menschlichen Organismus wirklich sind. Immerhin enthält ein Mensch etwa 100 Milligramm Niob unbekannter Funktion. Vielleicht sollte man es sich trotz erwiesener Hautfreundlichkeit also nicht ohne Not in die Nase stopfen.

Kalium

Dem Wort »Kali« dürfte jeder schon mal begegnet sein, und sei es im »Cyankali« bei der Krimilektüre. Oder wenn die Medien von zu viel Kalisalzen in Flüssen berichten. Oft klingen sie ungesund, die Verbindungen des Kaliums, während sich um das chemisch engverwandte Natrium allenfalls Ernährungsberater sorgen. Dabei mordet es sich auch mit Natriumcyanid ganz ordentlich.

Doch es gibt Unterschiede. So schimmert das wachsweiche Kaliummetall bläulich statt hellsilbrig wie Natrium und überzieht sich auch an trockener Luft in Sekunden mit einer Oxidkruste. Mit Wasser – selbst gefrorenem – reagiert es heftig und unter Entzündung einer rotvioletten Flamme. Im Seewasser kommt Kalium in viel geringeren Konzentrationen vor als Natrium. Steinsalzvorkommen, also eingetrocknete Meere, sind daher nur von einer vergleichsweise dünnen Schicht Kalisalz bedeckt.

Trotzdem ist Kalium kaum seltener als Natrium. Kalifeldspäte und kaliumhaltiger Glimmer sind die Hauptbestandteile von Granit. Bei dessen Verwitterung wird das Kalium frei, doch anders als das Natrium bleibt das meiste davon in den Böden hängen. Dort wird es von Pflanzen aufgenommen. Das Salzkraut *Salsola kali* etwa besteht zu 20 Prozent aus Kalium, enthält aber kein Natrium. So kam das Element auch zu seinem Namen: Aus Pflanzenasche – arabisch Al-qali – wusch man früher das Carbonat aus und gewann es durch Eindampfen. Kaliumcarbonat heißt daher auch »Pottasche«, und vom deutschen Wort erhielt das Element seinen englischen Namen »Potassium«.

In Tieren und Menschen schließlich steuert Kalium grundlegende Lebensvorgänge, genauer leistet dies der Unterschied zwischen den Ionen des Kaliums und des Natriums: Im Inneren unserer Zellen findet sich vor allem Kalium, in der Flüssigkeit dazwischen Natrium. Dieses chemische Gefälle steuert Muskelkontraktionen, Reizweiterleitung in Nerven und den Flüssigkeitshaushalt. Entsprechend ungesund sind hier Störungen. Spritzt man etwa einem Menschen Kaliumchlorid in den Herzmuskel, wird dieser augenblicklich gelähmt, was zuverlässig zum Tod führt und daher in den Vereinigten Staaten bei Hinrichtungen angewandt wird. Es wirkt sogar schneller als Cyankali – aber das ist auch der einzige Unterschied.

Technetium

Nachdem Dmitri Mendelejew alle seinerzeit bekannten Elemente zu seinem Periodensystem geordnet hatte, klafften dort noch etliche Löcher. Sie wurden bald mit neuentdeckten Elementen gefüllt. Nur die Lücke unter dem Mangan wollte sich nicht schließen. Dabei fehlte es nicht an Erfolgsmeldungen – und entsprechenden Namensgebungen für Mendelejews »Eka-Mangan«. Doch sowohl Davyum (1877) als auch Lucium (1896) und Nipponium (1908) stellten sich als Fehlmessungen heraus.

Lange galt das auch für Masurium, das Walter und Ida Noddack 1925 in Uranerzen entdeckt zu haben glaubten und nach der ostpreußischen Landschaft benannten. Die Analyse konnte nicht reproduziert werden und wurde vollends unglaubwürdig, als sich herausstellte, dass Eka-Mangan keine stabilen Isotope hat. Das langlebigste zerfällt binnen weniger Millionen Jahre. Auf der Milliarden Jahre alten Erde könne es demnach nicht vorkommen. Das Element war nur künstlich (griechisch: »technētōs«) durch Kernreaktionen in Beschleunigern zu erhalten. Das gelang erstmals 1937, worauf man es Technetium taufte.

Unter den Kunst-Elementen ist das Technetium mit Abstand das leichteste. Und es steht tonnenweise zur Verfügung, fällt es doch in Kernreaktoren an. Tatsächlich hat das silbergraue Metall, das an feuchter Luft anläuft, einige Vorzüge. So ist es für manche Fälle ein vorzüglicher Katalysator, und seine Salze, die Pertechnetate, verhindern schon in geringsten Konzentrationen die Korrosion von Eisen. Dumm nur, dass es so radioaktiv ist. Immerhin ist das Isotop Tc-99m ein exzellentes Mittel, um im Körper filigrane, weiche Organe bildgebend zu untersuchen.

In der Radiomedizin ist Technetium so verbreitet, dass mancher schon an dem zungenbrecherischen Namen Anstoß nahm. Er stimmt auch gar nicht mehr. 1961 hat man in kongolesischem Uranerz winzige Mengen natürlichen Technetiums nachgewiesen, das bei der seltenen spontanen Spaltung von Uran-238 entstand. Die Noddacks könnten also recht gehabt haben. Übrigens wurde die Idee, Atomkerne könnten spaltbar sein, zuerst von Ida Noddack 1934 erwogen – vier Jahre vor der offiziellen Entdeckung durch Otto Hahn und Lise Meitner. Allerdings nahm man sie nicht ernst – wohl auch wegen der Pleite mit dem Masurium.

Magnesium

Am Mittag danach ist so mancher Zechbruder mit erhöhter Wahrscheinlichkeit am Vitaminregal anzutreffen. Beim Magnesium. Doch das braucht der Mensch nicht nur nach Alkoholkonsum. Ohne die Ionen des Leichtmetalls ginge im Körper nichts. An Hunderten von Stoffwechselprozessen ist es beteiligt, ein Mangel äußert sich in hässlichen Krämpfen.

Den Magnesiumatomen fehlen in seinen Verbindungen stets zwei Elektronen. Eine Ausnahme wurde erst 2007 bekannt, als australischen Chemikern die Synthese zweier stabiler Verbindungen gelang, in denen zwei Magnesiumatome aneinanderhängen, so dass jedem nur ein Elektron fehlt. Ob die neuen Stoffe – farblose und gelbe Kristalle – zu irgendwas nutze sind, wird man sehen. Den zweifach geladenen Magnesiumionen jedenfalls verdankt der Kosmos nichts weniger als das höhere Leben. Diesem liegt nämlich die Fähigkeit des Blattfarbstoffs Chlorophyll zugrunde, Sonnenenergie bioverfügbar zu machen – und im Herzen eines jeden Chlorophyllmoleküls sitzt ein Magnesiumion. Die fast ausschließlich zweifache Aufladbarkeit ist Hauptgrund für diese biochemische Prominenz. Ein anderer ist die Häufigkeit. Fast zwei Prozent der Erdkruste bestehen aus Magnesiummineralen, zu denen der weiche Speckstein ebenso gehört wie der faserige Asbest.

Im Alltag ist Magnesium überall – auch wenn man kein Sportkletterer ist, der seinen Händen mit Pulver aus basischem Magnesiumcarbonat Griffsicherheit verleiht. Vor allem begegnet es einem in elementarer Form. Magnesiummetall ist leichter als Aluminium, zugleich fest, und es lässt sich traumhaft gut verarbeiten. So findet man es in Automotoren ebenso wie in Bleistiftspitzern. Dabei ist es chemisch alles andere als robust. Schon Essig löst es auf, und oberhalb 400 °C brennt es mit heller, heißer Flamme, die noch in Kohlendioxid weiterbrennt und selbst Wasser zersetzt. So kann man auch mit diesem freundlichen Element Unheil stiften. Übrigens auch im Organismus. Dort kann ein extrem hoher Magnesiumspiegel das Zentralnervensystem lähmen – zum Glück nur bei intravenöser Gabe. Von zu viel Magnesiumpillen aus dem Drogeriemarkt wird einem höchstens schlecht.

Arsen

Die wenigsten haben je mit ihm zu tun – und trotzdem ist das Element Arsen so bekannt wie sonst nur Eisen, Silber oder Gold. Es ist eine etwas morbide Prominenz, die vor allem durch Krimis und historische Stoffe aus der italienischen Renaissance Verbreitung gefunden hat. Dabei ist es als Element gar nicht so giftig. Ähnlich wie beim verwandten Phosphor gibt es von ihm mehrere Formen: schwarzes, gelbes und das metallische graue Arsen, das sogar in der Natur zu finden ist. Um einen Erwachsenen damit zu töten, müsste man ihm aber schon einen walnussgroßen Brocken verabreichen.

Tatsächlich griffen die Giftmörder zum Arsen(III)oxid, der bis heute technisch wichtigsten Arsenverbindung. Das auch Arsenik genannte weiße Pulver ist gut 500-mal giftiger als elementares Arsen und hatte einst aus krimineller Sicht einige Vorteile: Die Symptome setzten oft erst nach Stunden ein und ähnelten dann denen der Cholera. Zudem ließ es sich lange nicht nachweisen. Das änderte sich, als der britische Chemiker James Marsh 1836 eine probate Analysemethode ersann, bei deren Durchführung man aber darauf achten muss, sich mit dem dabei entstehenden Arsenwasserstoff nicht selbst zu vergiften. Seit der Einführung des Marsh-Tests sind Arsenmorde drastisch zurückgegangen.

Hinzu kam ein weiterer Nachteil des Arseniks: Die letale Dosis schwankt stark von Mensch zu Mensch. Regelmäßige Einnahme kleiner Dosen macht sogar unempfindlicher gegen orale Vergiftungen. So auch bei den sogenannten Arsenikessern, Opfern einer Drogensucht, die im 19. Jahrhundert unter der einfachen Bevölkerung Tirols und der Steiermark verbreitet war. In geringen Mengen wirkt Arsenoxid nämlich stimulierend und leistungssteigernd, also ein bisschen wie Kokain. Vermutlich regt es den Kohlenhydratumsatz an – doch dies ist ebenso wenig geklärt wie die Rolle des Arsens als Spurenelement im Organismus.

Gleichwohl ist vom Arsenikessen dringend abzuraten, denn das alte Mordgift ist zu allem Überfluss auch noch krebserregend. Das weiß man allerdings erst seit neuerer Zeit. Bei den arsensüchtigen Holzknechten der k. u. k. Zeit wäre das schon aufgrund ihrer geringen Lebenserwartung nie aufgefallen.

Scandium

Bei Skandinavien denkt man heute vor allem an Wintersport und an die Globalisierung in den Segmenten Möbelbausätze und Jugendtextilien. Ebenso dominiert Nordeuropa allerdings das Periodensystem. Ganze sieben Elemente heißen nach skandinavischen Orten, vier nach Skandinaviern oder skandinavischstämmigen Persönlichkeiten. Klar, dass es auch noch ein Scandium gibt.

Viel hat man von dem silberweißen Metall noch nicht gehört. Seine Verbindungen – fast alle weiß oder farblos – sind langweilig. Nur das Scandiumsalz der seltsamen Trifluoromethansulfonsäure wird in der organischen Chemie geschätzt.

Metallurgen können mit dem Element schon mehr anfangen. Denn für ein Leichtmetall hat Scandium einen hohen Schmelzpunkt, und so war es immer mal wieder für Raumfahrtanwendungen im Gespräch. Leider ist Scandium, obgleich auf der Erde häufiger als Blei, fast so teuer wie Gold, da es nirgends in größeren Konzentrationen anzutreffen ist. Diese Eigenschaft – ebenso wie seine mäßige chemische Beständigkeit – teilt es mit den Seltenen-Erden-Elementen, zu denen es manchmal gezählt wird. Nur in der Sowjetunion, wo man es mit Kostenkontrolle nicht so genau nahm, kamen Scandiumlegierungen im Militärbereich zum Einsatz. So deckt der Westen heute seinen Scandiumbedarf vor allem aus einst sowjetischen Reserven.

Dieser Bedarf hat in letzter Zeit zugenommen, vor allem dank der Freizeitindustrie. Die legiert Scandium heute Fahrradrahmen, Golfschlägern und selbst Zeltstangen zu – wohl auch, weil sich derlei mit dem Hinweis auf das exotische Metall besser vermarkten lässt. Aber passiven Sportfreunden kommt das Element ebenfalls zugute, findet es sich doch in den Lampen moderner Stadionbeleuchtungen, wo es für ein besonders fernsehkamerafreundliches Licht sorgen soll. Während die Skandinavier dagegen kaum etwas haben dürften, so vielleicht eher gegen den Einsatz ihres Elements durch die Firma Smith & Wesson. Die hat nämlich einen besonders leichten Revolver mit einem Rahmen aus Scandiumlegierung im Programm.

Americium

Das war eine riskante Taufe: Im Jahr 1944 wurde in abgebrann-tem Kernbrennstoff ein neues Element entdeckt, dessen Kerne noch schwerer waren als die des Plutoniums, mit dem man da-mals gerade an der Bombe bastelte, die dann auf Nagasaki fiel. Was sich mit dem neuen Metall so alles würde anstellen lassen, wusste damals niemand. Jeder PR-Berater hätte da abgeraten, es nach Amerika zu benennen.

Nun hatte der Name nicht nur patriotische Gründe. Ameri-cium heißt auch so, weil seine Elektronenhülle analog zu der des Elements Europium aufgebaut ist – dem es auch recht ähn-lich ist: Wie dieses ist es weicher als seine Nachbarn im Perio-densystem, läuft an der Luft an und löst sich leicht in Säuren. Dabei bilden sich rosa oder gelbe Salzlösungen mit Americium-Ionen, denen drei Elektronen fehlen. Entreißt man ihnen wei-tere Elektronen, erhält man Salze wie das zitronengelbe Ame-ricylchlorid. Americylsalze würden nach einer Freisetzung bald in die Nahrungskette gelangen – was angesichts der starken Ra-dioaktivität aller Americiumisotope unerfreulich wäre. Bei den analogen Uranylverbindungen des Urans ist das tatsächlich ein

Problem. Allerdings bedarf es zur Bildung von Americyl einer sehr aggressiven Chemie, weswegen für Americium (wie übrigens auch für das Plutonium) in freier Natur meist in den Sedimenten Endstation ist.

Zum Glück reichert sich das Element nicht im Körper an, denn es ist das einzige Transuran, das man im Haushalt findet. Viele Rauchmelder enthalten das Isotop Am-241, dessen Strahlung die Luft ionisiert, so dass Rauchteilchen ein angelegtes elektrisches Feld verändern und Alarm auslösen. Viel braucht man dafür nicht: Mit einem Gramm Americiumdioxid kann man 5000 Rauchmelder bauen. Richtig groß heraus käme das Element aber, wenn Wirklichkeit würde, was 2001 zwei israelische Physiker vorgeschlagen haben: Da das Isotop Am-242m leicht spaltbar ist, ließen sich damit ultraleichte Kernreaktoren für Raumschiffe bauen. Die Reisezeit zum Mars würde sich damit von sechs Monaten auf zwei Wochen verkürzen. Toll – aber nur, wenn niemand darauf kommt, wie man daraus eine ultrakleine Atombombe baut.

Darmstadtium

Etliche chemische Elemente heißen nach Orten, doch nicht immer nach Weltstädten. So leiten sich die Namen von vier Elementen von einem winzigen Flecken in Schweden ab, während New York oder London bisher leer ausgingen. Und die Städte, die für Dubnium und Berkelium Pate standen, werden nur Eingeweihte auf der Karte finden. So ist erfreulich, dass es sich bei der einzigen deutschen Stadt, die bisher zur Ehre des Periodensystems erhoben wurde, um einen einstigen Fürstensitz handelt. Doch nicht wegen der Macht der dort einst regierenden Großherzöge erhielt das Element 110 den Namen Darmstadtium, sondern weil nahe des Darmstädter Stadtteils Wixhausen die Gesellschaft für Schwerionenforschung (GSI) ansässig ist. Dort kamen am 9. November 1994 die ersten Atome dieses künstlichen Elements zur Welt – in Kollisionen schwerer Ionen.

Genauer handelte es sich um Kerne der Isotope Blei-208 und Nickel-62. Treffen diese mit der richtigen Energie aufeinander, bildet sich unter Aussendung eines Neutrons das Darmstadtium-Isotop Ds-269, das allerdings binnen 170 Mikrosekunden wieder zerfällt. Inzwischen hat man mit dem Ds-281 ein Isotop synthetisiert, das im Schnitt 9,6 Sekunden überlebt. Das ist im Prinzip lange genug, um die ungefähre chemische Natur des Elements aufzuklären. Das ist dennoch nicht geschehen, da Darmstadtium im Periodensystem genau unter dem Platin steht und daher wie dieses keine chemischen Verbindungen haben dürfte, die sich einfach nachweisen lassen.

Stabilere Darmstadtiumisotope würden aber sehr wahrscheinlich ein platinähnliches Edelmetall bilden, denn Untersuchungen an Copernicium haben ergeben, dass auch dieses dem allgemeinen Trend im Periodensystem folgt. Völlig ausgeschlossen ist es nicht, dass Wissenschaftler einmal sichtbare Mengen Darmstadtium untersuchen werden, man bräuchte dazu nur ein Isotop mit wesentlich mehr Neutronen, etwa Ds-294, das theoretischen Berechnungen zufolge mit einer Halbwertszeit von um die 311 Jahren zerfallen würde. Leider hat bislang niemand eine Idee, wie so neutronenreiche Atomkerne synthetisiert werden könnten.

Thulium

Der Weihnachtsmann soll in der Hocharktis wohnen. Das klingt schön mythisch und verschleiert, dass der sympathische Greis in seiner heute beliebtesten Gestalt, im rot-weißen Gewand, eine 1931 erfundene Werbefigur der Firma Coca-Cola ist. Aber es ist vielleicht auch der Versuch, durch Verniedlichung zu bewältigen, was einem nicht geheuer ist. Denn das war uns der hohe Norden nie. Thule, das Land, das der Grieche Pytheas von Massalia um 340 vor Christus beschrieb – vermutlich lag es in Norwegen –, war seit der Antike ein Symbol für das schwer Zugängliche und Entlegene.

Entlegen ist das nach Thule benannte Element gewiss. Anders als andere Elemente aus der Reihe der Seltenen Erden ist das weiche silbergraue Metall tatsächlich selten. In seinem wichtigsten Mineral, dem Monazit, ist es nur zu 0,007 Prozent enthalten, und in Reinform kostet es etwa siebenmal mehr als Gold.

Schwer zu erforschen war es ebenfalls, ging es doch seinem Entdecker – dem Schweden Per Theodor Cleve – nicht anders als so manchem Polarforscher: Das Ziel seiner Mühen, das reine

Metall, hat er nie gesehen. Er erschloss seine Existenz lediglich aus dem Licht einer bestimmten Wellenlänge, in dem ein Auszug aus Erbiumoxid bei fortschreitender Reinigung immer stärker leuchtete. Erst 1911 gelang es dem Briten Charles James, das Element in Reinform zu gewinnen.

Viel anstellen kann man damit bis heute nicht. Das weiche Metall ist seinen Nachbarelementen chemisch so ähnlich, dass man im Bedarfsfall eher diese einsetzt. Aber auch sein nächster Verwandter, das Erbium, ist nicht gerade eine Grundchemikalie. So findet man Thulium heute nur in speziellen Lasern und in Detektoren zur Messung niedriger Strahlendosen.

Immerhin sollen Science-Fiction-Autoren auf die Idee gekommen sein, Thulium gerade wegen seines fast völligen Mangels an technischer Bedeutung und seiner Seltenheit als Zahlungsmittel einzuführen. Viel Science steckt in dieser Fiction aber nicht. Thuliummünzen würden in Feuchtigkeit korrodieren, entsprechende Schätze daher auch nicht ohne spezielle Maßnahmen vergraben oder versenkt werden dürfen. Und noch etwas spricht gegen die Idee: Mit billigem Cer oder Lanthan wären Thuliummünzen leicht zu fälschen.

Iridium

An Silvester gibt es im Grunde nichts zu feiern, außer den Heiligen dieses Namens. Jahreswechsel sind schließlich nur Konvention, künstliche Momente zur buchhalterischen Zeitzerteilung, an der man denn auch immer wieder mit Schaltsekündchen herumdoktern muss. Allerdings, natürliche Momente dieser Art gibt es wenige. Einen solchen, der gleich zwei Erdzeitalter schied, markiert das Element Iridium.

Rings um den Globus findet man es in einer Lehmschicht, die sich ablagerte, just als die Dinosaurier ausstarben. Wahrscheinlich stammt es aus dem Asteroiden, der das Ende der erdmittelalterlichen Fauna zumindest mitverursachte. Nun enthalten Planeten im Schnitt nicht weniger Iridium als Asteroiden. Doch neben Osmium ist es das dichteste Metall und zugleich das mit der geringsten Neigung, chemische Verbindungen einzugehen. So sank das Iridium in der jungen glutflüssigen Erde ins Zentrum und ist in der Kruste heute so selten wie unter den stabilen Elementen sonst nur noch das Xenon.

Tatsächlich ist Iridium ein extremes Edelmetall. Kaum eine Säure kann ihm etwas anhaben; mit aggressiven Gasen reagiert es erst bei Rotglut und bildet dann oft farbige, technisch bedeutungslose Salze. Die Farbenvielfalt der Iridiumverbindungen ist nicht üppiger als die vieler anderer Metalle – Chrom oder Vanadium etwa sind da spektakulärer. Dennoch hat sie den Briten Smithson Tennant 1804 so beeindruckt, dass er das Element nach dem griechischen Wort für Regenbogen (iris) benannte.

Das Metall selbst ist silberweiß, schimmert aber leicht gelblich und ist äußerst hart und spröde. Das macht es schwierig, seine außergewöhnliche Korrosionsfestigkeit auszunutzen. Zu dem wenigen, was man heute aus Iridium fertigt, gehören die Hüllen der Plutoniumbatterien, welche Raumsonden zu den äußeren Planeten mit Energie versorgen. Ansonsten legiert man es Platin zu, um dieses härter zu machen – in sehr teurem Schmuck etwa. Oder beim Urkilogramm, jenem Metallzylinder, der in Paris wie eine säkulare Reliquie aufbewahrt wird. Aber an der Flüchtigkeit rein menschlicher Maße ändert selbst Iridium nichts. Stellte sich doch unlängst heraus, dass das Urkilo unerklärlicherweise 50 Mikrogramm Masse verloren hat.

Thorium

Die Erde strahlt. Zum Glück, denn ohne die Hitze, die radioaktive Isotope der Elemente Kalium, Uran und Thorium in ihrem Inneren freisetzen, drohte ihr eine plattentektonische Sklerose, und die würde auch der irdischen Biosphäre auf lange Sicht nicht bekommen.

Den kleineren Mond hat ein solches Schicksal bereits lange ereilt. Obgleich es zumindest Thorium auch dort gibt. Eine Sonde kartierte 1998 die von der Mondoberfläche ausgehenden Gammastrahlen. Danach enthält das Kilo Oberflächengestein rund um die Basaltebene des Mare Imbrium bis zu 13 Milligramm Thorium. Vermutlich wurde es einst nach einem gewaltigen Einschlag aus 50 Kilometer Tiefe heraufbefördert, wo es sich an der Basis der damals gerade erstarrenden Kruste konzentrierte.

Gäbe es dort unter der Oberfläche noch höher angereicherte Vorkommen, so wäre das vielleicht wieder einmal ein Grund, zum Mond zu fliegen. Thorium-232, das mit 14 Milliarden Jahren Halbwertszeit langlebigste Isotop, ist nämlich interessant. Es ist ein schwach radioaktives, glänzendes Schwermetall, das an der Luft langsam anläuft. Obwohl selber recht weich, bildet es mit Magnesium eine hitzefeste und zugleich leichte Legierung. Camper kennen sein weißes, erst bei 3200 °C schmelzendes Oxid, das in Form sogenannter Glühstrümpfe blasse Gasflammen in helle Lichtquellen verwandelt.

Am interessantesten ist Thorium aber als Kernbrennstoff. Zwar ist es selber nicht spaltbar, wohl aber das Uran-233, das man daraus erbrüten kann. Der 1989 stillgelegte Reaktor THTR-300 in Hamm-Uentrop arbeitete mit diesem Prinzip. Dann wurde die Technik in Deutschland nicht weiterverfolgt. Dabei hat eine thoriumbasierte Kernwirtschaft Vorteile: Nach einer Anlaufphase entsteht kaum Plutonium, und auch der übrige Abbrand ist weniger gefährlich als der Müll konventioneller Reaktoren. Auch ist es ziemlich schwierig, aus Uran-233 eine Atombombe zu bauen. Vor allem aber ist Thorium auf der Erde im Schnitt fünfmal häufiger als Uran. Leider ist seine Gewinnung damit zunächst nicht billiger. Denn Thorium ähnelt in seinem geochemischen Verhalten sehr den Elementen der Seltenen Erden und ist daher fast nirgends in großen Lagerstätten konzentriert. Außer vielleicht in der Mondkruste.

Astat

Es gibt Fragen, die keine gute Antwort haben. Etwa: Was ist das seltenste Element? In der Supernova, aus deren Asche unser Planet vor fast 4,6 Milliarden Jahren entstand, müssen auch Kerne sehr instabiler Elemente gebildet worden sein, die sogleich zu zerfallen begannen. Wenn wir von ihnen wissen, dann nur, weil man sie heute künstlich herstellen kann. Da radioaktiver Zerfall aber eine statistische Angelegenheit ist, bleibt es möglich, dass hier und dort noch ein Atom davon übrig ist.

Besser ist die Frage, welches Element bisher in den geringsten Spuren in der Natur gefunden wurde. Es ist das Astat. 1943 konnten es die österreichische Physikerin Berta Karlik und ihre Assistentin Gertrud Bernert in Uranerz nachweisen, wo es beim Zerfall des Schwermetalls laufend entsteht und in Sekundenbruchteilen wieder zerfällt. Die Leistung der beiden Forscherinnen ist beachtlich, denn hochgerechnet enthält die gesamte Erdkruste insgesamt nur etwa 25 Gramm Astat. Damit schlägt es das mit 100 Gramm zweitplazierte Francium und auch das Plutonium (25 Kilogramm), von dem man lange glaubte, es käme in der Natur gar nicht vor.

Auch künstliches Astat gibt es kaum. Es wurde schon 1940 durch den Beschuss von Bismut mit Heliumkernen erzeugt und nach dem griechischen Wort für »unbeständig« benannt. Tatsächlich zerfällt das langlebigste Isotop, Astat-210, mit einer Halbwertszeit von 8,3 Stunden. Mehr als 0,05 Mikrogramm kamen daher nie zusammen. Wie elementares Astat aussieht, weiß daher kein Mensch.

Das ist schade, denn das wenige, was man über die Chemie des Astats weiß, macht Lust auf mehr. So gehört es einerseits zur Gruppe der Halogene, verhält sich also in Verbindungen wie Fluor, Chlor, Brom und besonders Iod. Wie diese bildet es Salze mit negativen Ionen, etwa das Natriumastatid, das so aussehen müsste wie Kochsalz. Andererseits wurden auch positive einatomige Astat-Ionen nachgewiesen. Hier verhält sich das Element wie ein Metall. Dieser halbmetallische Charakter des Astats hätte vielleicht halbleitertechnisch nützliche Effekte zur Folge – wenn das Element nur langlebiger wäre. Immerhin wird es in der Nuklearmedizin zur lokalen Bestrahlung bestimmter Tumore genutzt. So dient auch das Flüchtigste noch einem Zweck.

Uran

Anfang 2008 verirrte sich eine Neuigkeit aus der anorganischen Chemie in die Schlagzeilen, einem Fach, das viele bestenfalls mit farbenfrohen oder geruchsintensiven Schulstunden verbinden. Da publizierten Polly Arnold und ihr Team von der University of Edinburgh in dem Wissenschaftsmagazin *Nature* eine neue, unerwartete chemische Reaktion. Dergleichen passiert nun öfter, ohne dass Zeitungen Notiz davon nehmen – aber diesmal ging es um Uran.

Aus Uran kann man bekanntlich Energie gewinnen, aber auch mit ziemlich viel Aufwand ziemlich schreckliche und alles vernichtende Waffen bauen. Auch in panzerbrechender Munition und fluoreszierenden Keramikfarben steckt das schwere, an Luft gelblich und schließlich schwarzbraun anlaufende Metall, das auf der Erde fast so häufig wie Zinn ist und häufiger als Iod oder Silber. Allerdings ist Uran giftig – und zwar sehr. Es ist jedoch nicht die schwache Radioaktivität des Elements, sondern seine Chemie, die zu Organschäden und inneren Blutungen führt. Dabei ist es gefährlicher als andere giftige Metalle, weil seine Uranylsalze sich sehr gut in Wasser lösen und daher leicht in die Biosphäre gelangen. Manche Pflanzen, etwa Oliven, speichern es.

Die meist grünlichen oder gelben fluoreszierenden Uranylsalze haben noch eine andere ärgerliche Eigenschaft: Sie sind äußerst stabil. Das Uran ist dabei jeweils doppelt an zwei Sauerstoffatome gebunden, und zwar viel fester als bei den strukturell vergleichbaren Verbindungen des Chroms oder Molybdäns. Diese Bindungen chemisch aufzuknacken, um das Uran in eine weniger lösliche und damit ungefährlichere Form zu überführen, war bisher kaum möglich – bis Polly Arnold kam. Sie fand ein komplex geformtes Molekül, das eine der Uran-Sauerstoff-Bindungen packt und den Sauerstoff dazu zwingt, mit zwei hinzugefügten Kalium-Ionen anzubandeln, womit es um die besondere chemische Stabilität des Uranylmoleküls geschehen ist. Leider ist Arnolds »Pack-Man«-Molekül – wie es wegen seiner zupackenden Natur nach dem bekannten Videospiel aus den Achtzigern heißt – zu instabil, um etwa zur Dekontamination übermäßig uranhaltigen Trinkwassers zu taugen. Aber allein dass es solch einen Reaktionsmechanismus überhaupt gibt, stimmt Chemiker schon froh.

Hassium

Hessen ist ein bedeutendes Bundesland, was man unter anderem daran erkennt, dass ein Element nach ihm benannt ist. Dahinter steckt natürlich wieder die im südhessischen Darmstadt angesiedelte Gesellschaft für Schwerionenforschung (GSI). Dort wurden 1984 die ersten Atome des Elementes Nummer 108 synthetisiert, das sich seit 1997 offiziell Hassium nennen darf. Durch den Beschuss von Blei mit Eisenionen hatten die GSI-Physiker das Isotop Hs-265 erhalten, das allerdings nach 1,8 Millisekunden wieder zerfiel.

Im Jahr 2006 gab es dann Hinweise auf ein schwereres Hassium-Isotop mit einer Lebenserwartung von elf Minuten, die später aber nicht bestätigt werden konnten. Schade eigentlich, im Reich der superschweren Kerne wäre es damit ein wahrer Methusalem gewesen und ein weiterer Hinweis auf eine »Insel der Stabilität« bei sehr schweren und zugleich sehr neutronenreichen Kernen. Die zusätzlichen Neutronen schwächen die Abstoßungskraft der positiv geladenen Protonen, die den Kern sonst zerreißen würde. Die starken elektrischen Felder in den riesigen Kernen müssten allerdings auch die Struktur der

Elektronenhülle beeinflussen. Daher erwartete man, dass sehr schwere Elemente sich chemisch nicht mehr so verhalten, wie es ihrem Platz im Periodensystem angemessen wäre.

Doch lassen sich an den paar in Schwerionen-Crashs entstehenden Atomen chemische Analysen durchführen? Tatsächlich ist es im Jahr 2002 gelungen, an ganzen sieben Hassiumatomen ein Experiment durchzuführen. Demnach ist Hassiumtetroxid ähnlich flüchtig wie entsprechende Oxide des Osmiums und Rutheniums – jener Elemente, die im Periodensystem direkt über dem Hassium stehen. Da flüchtige Tetroxide etwas sehr Typisches für diese Elementgruppe sind, dürfte sich auch eine makroskopische Menge Hassium systemkonform verhalten: Wie ein Stück eines dem Platin ähnlichen, harten, edlen Metalls. Bevor die Hessen sich darüber aber allzu sehr freuen: Das Tetroxid des Rutheniums ist hochexplosiv, das des Osmiums stinkt und ist höllisch giftig. Hassium dürfte sich in dieser Hinsicht kaum besser benehmen.

Rhenium

Im Rheinland geht es – wenn nicht gerade Karneval ist – kaum besonders hart zu. Dennoch ist nach dieser Gegend ein Element benannt, das den härtesten bekannten Stoff bildet. Dies ist seit 2007 nicht der Diamant, sondern das Rheniumdiborid. Diese Verbindung ist sogar in der Lage, eine Diamantoberfläche zu ritzen.

Rhenium selbst ist eher weich und hat vielleicht noch eine Karriere als besonders exklusives Schmuckmetall vor sich, ähnelt es doch dem Platin, ist aber viel seltener. Es ist so rar, dass seine Entdecker, das Chemiker-Ehepaar Ida und Walter Noddack, es erst 1925 und zunächst auch nur anhand seiner Spektrallinien fanden. Ein Rheniummineral ist erst seit 1994 bekannt. Da fanden russische Forscher reines Rheniumsulfid an einer Fumarole am Vulkan Kudriavy auf den Kurilen. Ein ungewöhnlicher hydrothermaler Prozess muss das Rhenium dort auf das Hundertmillionenfache seiner Konzentration in dem austretenden vulkanischen Gas angereichert haben.

Abbauwürdig ist das Vorkommen gleichwohl nicht. Bei der Verhüttung von Molybdänerzen fällt genug Rhenium an, um die

Nachfrage zu befriedigen. Die kommt von Herstellern von Speziallegierungen hoher thermischer und mechanischer Festigkeit und von Raffinerien. Dort wird Rohbenzin zur Erhöhung der Oktanzahl »rheniformiert«, das bedeutet: Seine Kohlenwasserstoffketten werden durch Rhenium-Platin-Katalysatoren umgebaut.

Das katalytische Können hat Rhenium mit den anderen Platinmetallen gemein, ebenso die Farbenvielfalt seiner Verbindungen, unter denen die Salze der sehr starken Perrheniumsäure die prominentesten sind. Aufsehen erregte 1964 ein blaues Salz der Octachlorodirheniumsäure. Seine Moleküle enthalten jeweils zwei Rheniumatome, von denen der Amerikaner Albert Cotton nachwies, dass sie durch nicht weniger als vier gemeinsame Elektronenpaare aneinander gebunden sind. Es war der erste dokumentierte Fall einer Vierfachbindung. Inzwischen kennt man zwar sogar Moleküle mit Fünffachbindung (zwischen Chrom-Atomen), damals aber war die Sache so ungewöhnlich, dass Cotton anfangs seinem eigenen Befund nicht recht glauben konnte. »Ich bin«, schrieb er, »womöglich drauf und dran, einen Narren aus mir zu machen.«

Aluminium

Mit Aluminium lässt sich allerhand anstellen: Flugzeuge, Raketen und Fahrräder werden daraus gefertigt, es leitet ganz passabel elektrischen Strom, und Butterbrote kann man auch drin einwickeln – lässt es sich doch wunderbar zu einer nur wenige Mikrometer dicken Folie auswalzen.

Nur für Essbesteck und Babyrasseln ist es nicht ganz so gut geeignet. Dennoch waren dies die ersten Gebrauchsgegenstände, die aus Aluminium bestanden. Napoleon III., Kaiser der Franzosen, ließ sie für sich beziehungsweise seinen kleinen Sohn anfertigen, als er 1855 von dem Metall erfuhr – und davon, dass es schwieriger zu gewinnen war als Gold.

Und das, obwohl Aluminium buchstäblich überall herumliegt. Mehr als acht Prozent der Erdkruste bestehen daraus. Allerweltsminerale wie Feldspäte oder Glimmer sind Verbindungen aus Aluminium, Silicium und Sauerstoff, ebenso ihre Verwitterungsprodukte in Erde und Lehm. Allerdings ist das Element insbesondere vom Sauerstoff nur mit brachialer Chemie zu trennen, die zu Napoleons Zeiten so unangenehme Reagenzien wie metallisches Natrium erforderte. Viel leichter geht es durch Elektrolyse von gereinigtem Aluminiumoxid, das zuvor in einer Schmelze des fluorhaltigen Aluminiumminerals Kryolith aufgelöst wurde. Dieses Verfahren wurde aber erst um 1890 praktikabel, als durch die Erfindung des Dynamos die erforderlichen großen Mengen elektrischer Energie verfügbar waren.

Der Aufwand lohnt, denn obwohl das Metall äußerst unedel ist, trotzt es Luftsauerstoff und Feuchtigkeit viel besser als etwa Eisen. Sehr reines Aluminium hält sogar Seewasser aus. Grund ist eine unsichtbare, nur wenige Atomlagen dicke Oxidschicht, die jeden frischen Ratscher auf der Oberfläche in Sekunden versiegelt. Ihr verdankt das Aluminium einen Boom, dem nicht nur so manche traditionelle Form der Lebensmittelverpackung zum Opfer fiel, sondern auch das weltweit einzige bekannte Großvorkommen natürlichen Kryoliths auf Grönland – das Mineral muss heute künstlich hergestellt werden. Dafür hat das billige Aluminium der Menschheit Flügel verliehen. Und das kaiserliche Besteck zum Zeugnis eines besonders kuriosen Falls von Prunksucht degradiert.

Neodym

Die sprichwörtliche rosa Brille ist ein fragwürdiges Konzept. Der wahre Optimist blendet Negatives nicht aus, sondern bewertet es nur anders, etwa im Geiste Platons als Mangel an Positivem. Wenn man die Welt schon gefiltert wahrnehmen möchte, dann besser so, dass das Interessante und Schöne hervortritt. Dazu eignen sich Brillengläser, die das Element Neodym enthalten.

Neodymglas ist violett. Auch wer die Farbe am kurzwelligen Ende des Spektrums nicht zu seinen Favoriten zählt, wird an einer Neodymbrille schätzen, dass sie einem das schnöde Gelb des in vielen Leuchtmitteln glühenden Natriums fernhält. Neodymfilter verbessern daher Amateurastronomen den Kontrast an einem mit Kunstlicht verseuchten Nachthimmel.

Auch viele Salze des Neodyms sind violett, wobei diese Farbe bei künstlicher Beleuchtung oft verschwindet. Besonders intensiv ist sie aber auch bei Tageslicht nicht. Das ist für Elemente der Seltenen Erden, zu denen das Neodym gehört, typisch – sofern ihre Verbindungen überhaupt farbig sind: Die Elektronen in ihrer Hülle werden von sichtbarem Licht nur mit reduzierter

Wahrscheinlichkeit dazu angeregt, auf höhere Energiestufen zu springen und dabei bestimmte Wellenlängen zu schlucken. Lila Glas enthält deswegen auch deutlich mehr Neodymatome, als sich beispielsweise Eisenatome in grünem Flaschenglas finden.

Neben seinen optischen Fähigkeiten hat das schwer zu isolierende Metall den Vorzug, dass sich damit die stärksten Dauermagnete bauen lassen. Pfenniggroße Zylinder aus Neodym-Eisen-Bor können es auf bis zu anderthalb Tesla bringen und werden dort eingesetzt, wo man starke Felder auf kleinem Raum benötigt. Nur bei höheren Temperaturen sind ihnen die teureren Cobalt-Samarium-Magnete überlegen.

Damit erfreut sich das Neodym eines deutlich breiteren Interesses als die meisten seiner Seltenen-Erden-Geschwister. In China setzt man zudem seit 1972 neodymhaltigen Dünger ein – mit Erfolg, wie chinesische Quellen berichten, obgleich es darüber, wie das Element das Pflanzenwachstum fördert, nur Vermutungen gibt. Dazu muss man wissen, das China auf den größten Reserven an Seltenen Erden sitzt. Ob die Agrarchemiker aus dem Reich der Mitte da statt lila Brillen nicht doch eher die rosa Version aufhaben?

Radon

Das Element Radon ist geeignet, Zwietracht zu säen. Für die einen ist das radioaktive Edelgas, das in winzigen Konzentrationen uranhaltigen Gesteinen entströmt, etwas, vor dem man sich zu hüten hat. Das langlebigste Isotop, Rn-222, überdauert gerade mal 3,8 Tage, und so ist es unvermeidlich, dass mit jedem Atemzug radonhaltiger Luft einige Atome davon in der Lunge zerfallen. Stimmt, sagen andere – aber im richtigen Rhythmus appliziert, ist nicht jedes bisschen jeder Art radioaktiver Strahlung schädlich, sondern kann sogar nützlich sein. Sie verweisen dabei meist auf die Radonkuren in Orten wie Bad Gastein. Was stimmt nun?

Die Frage ist bis auf weiteres nicht wissenschaftlich zu klären. Denn durch die Kernenergiedebatte fällt auf die These, kleinste Mengen Radioaktivität könnten – wenn auch nur im Spezialfall Radonkur – der Gesundheit förderlich sein, ebenso der Ideologieverdacht wie auf die Gegenthese. Damit dürfte die Zahl der Forscher, die das Problem ohne jede vorgefasste Meinung anzugehen imstande wären, gegen null tendieren.

Die Schädlichkeit einer Dauerbelastung durch Radon ist dagegen unstrittig. Da viele Baumaterialien Uranspuren enthalten, ist etwa die Hälfte der natürlichen Strahlenbelastung der Bevölkerung auf Radon zurückzuführen. Wer sich ständig in einem durch das schwere Gas erhöht belasteten Tiefgeschoss aufhalten muss, dem bleibt nur die Flucht. Theoretisch kann man Radon zwar aus der Luft herausfiltern. Denn wie die anderen beiden schweren Edelgase Xenon und Krypton ist es durchaus bereit, chemische Reaktionen einzugehen – wenn das Reagenz nur aggressiv genug ist. Bromtrifluorid etwa wäre geeignet. Leider scheitert der praktische Einsatz in Radonfiltern daran, dass solche Stoffe mit der allgegenwärtigen Luftfeuchtigkeit viel lieber reagieren als mit Radon.

Nein, den Wissenschaftlern macht es keine rechte Freude, das Radon. Daran ändert auch das Farbenspiel nichts, das es einem bietet, wenn man es bei −71 °C fest werden lässt. Dann phosphoresziert es stahlblau, bei weiter sinkender Temperatur gelb und bei −196 °C orangerot. Ansonsten aber ist die Radon-Chemie kaum erforscht. Der praktisch einzige Fachmann dafür, der Amerikaner Lawrence Stein, starb Anfang 2008.

Rubidium

Das Volk der chemischen Elemente gliedert sich in mehrere Sippen. Unter ihnen gibt es einige, deren Mitglieder sich alle fast zum Verwechseln ähnlich sehen. Der vielleicht bekannteste dieser Clans ist die Gruppe der Alkalimetalle mit ihren Superstars Natrium und Kalium. Aber auch Lithium und Caesium erfreuen sich dank Laptop-Akkus und Atomuhren inzwischen einiger Prominenz.

Das Rubidium dagegen ist in dieser Familie das Mauerblümchen. Wie seine Geschwister ist es ein weiches, feuchtigkeitsempfindliches Metall. Es ähnelt dem Kalium, ist aber noch sensibler. So überzieht es sich an der Luft sofort mit einer grauen Schicht Hyperoxid und entzündet sich wenige Sekunden später mit rotvioletter Flamme.

Dieser Farbe (lateinisch »rubidus«) verdankt das Element überhaupt seine Entdeckung im Jahre 1860 bei der Spektralanalyse von Dürkheimer Mineralwasser. Anschließend musste Robert Bunsen (der mit dem Brenner) 44 200 Liter Sprudel verarbeiten, um neun Gramm Rubidiumchlorid zu erhalten. Denn das Element kommt nirgends angereichert vor, obwohl es insgesamt sogar häufiger ist als Kupfer oder Zink. Allerdings kann es chemisch kaum etwas, was seine leichter zugänglichen Geschwister Natrium und Kalium nicht auch könnten.

Unter den Chemikern interessieren sich die Geochemiker noch am meisten für das Rubidium. Denn wegen des riesigen Durchmessers seiner Atome fügt es sich nicht so gut in die Kristallstruktur von Silikatgestein ein und bleibt daher bei Erstarrungsprozessen möglichst lange in der Schmelze. Da es in der Natur zudem zu 28 Prozent aus dem mit 48 Milliarden Jahren extrem langlebigen Radioisotop Rb-87 besteht, eignet es sich damit hervorragend zur Rekonstruktion lange zurückliegender geologischer Prozesse. Noch beliebter ist das Element bei den Physikern. Astrophysikern etwa dient es als Indikator für hohes Neutronenaufkommen in Spätphasen von Sternen. Vor allem aber lieben die Quantenphysiker das Rubidium. So wurden seltsame makroskopische Quantenobjekte, sogenannte Bose-Einstein-Kondensate, zuerst mit Rubidium-Atomen präpariert. Und auch die Technik beginnt sich jetzt für das vergessene Alkalimetall zu erwärmen. Die Satelliten des Europäischen Navigationssystems »Galileo« führen je zwei Rubidium-Atomuhren mit.

Europium

Anfang 2005 stellte der Bundesgrenzschutz in Berlin bei einem russischen Staatsbürger 15,7 Kilo Europium sicher. Das Material strahle nicht, beeilte man sich zu versichern, und giftig sei es auch nicht – soweit man weiß, wäre da zu ergänzen. Trotzdem klang die Sache gar nicht gut: ein Russe mit einem Metall, von dem Normalsterbliche noch nie etwas gehört hatten.

Tatsächlich dürfte den meisten Europäern unbekannt sein, dass nach ihrer Heimat ein chemisches Element benannt ist. Dabei haben sie es andauernd in den Händen. Denn wie Chemiker der Universität von Utrecht 2002 herausfanden, basieren die Farbstoffe, die echte Euro-Scheine unter UV-Licht rot, grün und blau leuchten lassen, auf Europium-Verbindungen. Zumindest beim Rot sind sich die holländischen Forscher da sicher und verrieten (allerdings nur in einer Veröffentlichung in ihrer Landessprache) auch die genaue Art des Moleküls. Die Europäische Zentralbank dürfte das wenig begeistert haben.

So muss Europa also zur Abwehr von Geldfälschern eine der ganz wenigen Einsatzmöglichkeiten »seines« Elementes geheim halten. Tatsächlich lässt sich sonst kaum etwas damit anfangen. Mit dem eisengrauen Metall selbst schon gar nicht. Es ist weich wie Blei und korrodiert schon an trockener Luft. Unter den Seltenen-Erden-Metallen, zu denen es zählt, ist es das chemisch am wenigsten beständige. Und es ist auch noch das seltenste, wenn man vom instabilen Promethium absieht. Dass Europium in der Erdkruste statistisch gesehen trotzdem noch häufiger vorkommt als Iod oder Silber, nützt da wenig.

Immerhin, die geheime Mission des Europiums im Dienste der Gemeinschaftswährung begann 2001 just zu der Zeit, als das Element sein einziges Einsatzgebiet mit Alltagsbezug zu verlieren begann: Zusammen mit Yttrium hatte es in Farbfernsehröhren für sattes Rot gesorgt. In den Sechzigern war Europium daher eine der begehrteren Seltenen Erden. Doch die Zeiten sind vorbei, und so fragt sich, was jener Russe in Berlin mit einem Koffer voller Europium wollte. Vielleicht hätten die Grenzschutzbeamten überprüfen sollen, ob er Niederländisch kann.

Krypton

Den Tag, als Dell Comics sich bei ihm meldete, wird Gary Schrobilgen nie vergessen. Wie das denn nun sei mit dem Kryptonit,
wollten die Verleger der »Superman«-Heftchen wissen. Man
habe gehört, der Professor der McMaster University in Kanada
forsche an dem grünen Stoff, der Superhelden die Kräfte raubt.

Tatsächlich ist Schrobilgen einer der führenden Experten für
Kryptonchemie. Bei Kryptonit muss er allerdings passen. Denn
als von dem zum ersten Mal die Rede war – 1943, als in einer
Folge der Hörspielreihe »The Adventures of Superman« der
Sprecher der Titelrolle ausfiel und man eine Erklärung für die
Stimmveränderung des Helden in den Plot einbauen musste –
im Jahr 1944 also wusste die Wissenschaft noch gar nicht, dass
Krypton überhaupt eine Chemie hat. Das Edelgas galt als völlig
unfähig, echte Verbindungen einzugehen. Erst 1963 wurde die
erste und bis heute wichtigste Kryptonverbindung synthetisiert:
Kryptondifluorid (KrF_2), weiße Kristalle, die bei Raumtemperatur einige Tage haltbar sind, sofern man sie von Wasser und organischem Material fernhält. Denn damit reagieren sie explo-
sionsartig.

Noch aggressiver geht es zu, wenn man KrF_2 mit Stoffen wie Arsenpentafluorid versetzt, die ihm eines seiner Fluoratome abnehmen. Dann entstehen Salze, die als extreme Oxidationsmittel wirken – das heißt, sie rauben anderen Substanzen Elektronen. Das bekannteste Oxidationsmittel ist der Sauerstoff, dessen Elektronenraub sich dann üblicherweise im Rosten oder Verbrennen äußert. Die Kryptonfluorid-Salze sind nun so starke Oxidationsmittel, dass sie sogar Sauerstoff oxidieren.

Diese Superchemie ist eines der wenigen Dinge, die sich mit Krypton anstellen lassen – wenn auch nur im Labormaßstab. Ansonsten wird das Element in Glühlampen gefüllt. Wegen seiner geringen Wärmeleitfähigkeit lassen sich die Glühfäden mit höherer Temperatur betreiben als bei den sonst üblichen Schutzgasen Argon oder Stickstoff. Doch ob man diese Eigenschaft braucht, will wohlüberlegt sein. Krypton (der Name ist griechisch und bedeutet »Verborgenes«) kommt auf der Erde nur in Spuren vor: Eine Million Liter Luft enthalten gerade mal einen Liter davon, das reicht für 15 Krypton-Lampen. Und: Nein, sie leuchten nicht grün.

Beryllium

Ohne das Radioisotop Kohlenstoff-14 wären die Altertumswissenschaften nicht, was sie heute sind – lässt sich doch mit C-14, vom Neandertaler bis zu Napoleons Grenadieren, vieles einst Lebendige trefflich datieren. Für Geowissenschaftler, die Ablagerungen der letzten paar Millionen Jahre erkunden, gibt es ein ähnlich nützliches Isotop: Beryllium-10.

Wie das C-14 entsteht es ständig in der Luft durch kosmische Strahlen. Durch Bestimmung des Be-10-Gehaltes in Meeressedimenten oder Gletscherschichten lassen sich diese dadurch in ähnlicher Weise datieren wie die Ringe in alten Baumstämmen. Nun wird nicht jeder dies für den wichtigsten Aspekt des Elements Beryllium halten. Kernwaffentechniker etwa schätzen sein einziges stabiles Isotop Be-9 als Neutronenreflektor, Raumfahrtingenieure den erstaunlich hohen Schmelzpunkt des Metalls bei minimalem Gewicht. Allerdings steht breiterer Anwendung des Elements zweierlei entgegen.

Einmal ist Beryllium ziemlich giftig, ebenso wie seine Salze, die alle süß schmecken. In Frankreich, wo das Element 1828 zur gleichen Zeit wie in Deutschland erstmals isoliert wurde, hieß es daher bis 1957 offiziell »Glucinium« – von griechisch glykys für »süß«. Diese Giftigkeit überrascht angesichts der nahen Verwandtschaft mit Magnesium und Aluminium. Erstaunlich ist aber auch das zweite Manko des Berylliums: Es ist selten. Sein wichtigstes Mineral ist der Beryll, den Spuren von Eisen zu Aquamarin machen, und Beimengungen von Chrom zu grünem Smaragd. Der tiefere Grund dafür, dass das Leichtmetall kaum häufiger ist als Uran, liegt dabei im Timing des Urknalls. Es verhinderte seine Entstehung am Anbeginn der Zeit – und im Inneren der Sterne wird es von den Kernverschmelzungsprozessen schlicht übergangen. Auch Beryllium-9 entsteht daher nur in energiefressenden und daher vergleichsweise seltenen Prozessen, bei denen schnelle Teilchen schwerere Kerne zertrümmern. Zusammen mit Giftigkeit und Kernwaffenrelevanz hat Beryllium damit insgesamt doch eine ziemlich belastete Aura. Da mögen die Anbieter von Heilsteinen es sich doch noch mal überlegen, ob sie ihren Kunden wirklich Berylle gegen Aufregung, Bauchschmerzen oder Heimweh empfehlen sollen.

Bohrium

Der berühmteste Physiker nach Einstein ist in Deutschland sicher Max Planck, der Entdecker des Wirkungsquantums, einer mit »h« bezeichneten Naturkonstante. Dieses h ist winzig, aber nicht null, und daraus folgen alle Verrücktheiten der Quantenphysik. Die Konstante trägt heute seinen Namen, ebenso wie unzählige Straßen und eine große Forschungsorganisation.

Nur zur Ehre des Periodensystems wurde Planck noch nicht erhoben. Dafür erinnert das künstliche Element Nummer 107 an einen anderen Erzvater der Quantenphysik: Niels Bohr wandte Plancks Einsicht, dass Energie in endlich kleinen Portionen (Quanten eben) vorliegt, auf die Elektronen in Atomhüllen an. Anders als Satelliten im Erdorbit können diese nur auf bestimmten Bahnen kreisen und daher bei Bahnwechseln nur bestimmte Energiebeträge aufnehmen oder abgeben. Damit konnte Bohr zum ersten Mal erklären, warum Gase Strahlung bestimmter Frequenzen aussenden.

Wegen dieser Großtat hätten die Physiker der Darmstädter Gesellschaft für Schwerionenforschung GSI das Element 107, welches sie 1981 durch Beschuss von Bismut mit Chrom gewannen, gerne »Nielsbohrium« genannt. Dass es anders kam, liegt an den Streitereien um die Benennungsrechte für die künstlichen Elemente ab Nummer 102. Sie blockierten alle Neubenennungen, bis die internationale Chemikerunion IUPAC die Sache 1997 en bloc regelte und dabei – gegen den Willen der Darmstädter – aus dem von vielen als unschön empfundenen »Nielsbohrium« den Vornamen »Niels« strich. Die IUPAC folgte dabei der Empfehlung ihrer Filiale in Bohrs Heimat Dänemark.

Bleibt die Frage nach der Verwechslungsgefahr mit dem Element Bor. An Bh-267, dem mit 17 Sekunden langlebigsten der bisher bekannten Bohrium-Isotope, gelang 1999 der Nachweis eines Oxichlorids, das dem des Rheniums ähnelt. Da dessen Oxid mit Wasser eine Perrheniumsäure bildet, dürfte es auch eine Perbohriumsäure geben, deren Salze man dann Perbohrate nennen müsste. Stört da jemanden, dass es auch Perborate gibt? Es wäre nicht das erste kleine h, das einen großen Unterschied bezeichnet.

Brom

Die Stoffgruppe der Ketone steckt hinter so manchem Wohlge-
ruch, etwa dem von Himbeeren oder Sauvignon Blanc. Es gibt
aber auch olfaktorisch ausgesprochen fiese Ketone. Besonders heftig in die Nase geht das Bromaceton. Es entsteht, wenn
man Aceton (bekannt als Nagellackentferner) mit dem Element
Brom zusammenbringt und soll so schon manchen Chemiela-
boranten außer Gefecht gesetzt haben. Denn Bromaceton ist
ein sehr effektives Tränengas und wurde im ersten Weltkrieg als
»Weißkreuz«-Kampfstoff eingesetzt.

Aber schon das elementare Brom selbst riecht nicht besonders, was der schweren braunen Flüssigkeit ihren Namen eingebracht hat (brōmos heißt auf Griechisch »Gestank«). Der Geruch ihrer Dämpfe erinnert ein wenig an den der verwandten
Elemente Fluor und Chlor, ist aber dumpfer, während das ebenfalls zur Familie zählende Iod nicht ganz so schlimm riecht.
Wie beim Chlor ist der üble Geruch ein Warnzeichen: Brom ist
so ätzend, dass sich sogar Gold darin auflöst wie Würfelzucker
im Tee.

Natürlich ist Brom auch giftig. Seine Salze, die Bromide, aber sind es nicht besonders. Sie setzen jedoch die Erregbarkeit des Zentralnervensystems herab, ohne einschläfernd zu wirken. Kaliumbromid war daher früher eine probate Arznei gegen Epilepsie – und ist es in der Kleintiermedizin noch heute. Auch allzu aktive Kinder der Oberschicht wurden damit einst ruhiggestellt. Dagegen gehören Berichte, die britische Generalität habe ihren Soldaten früher Bromid in den Tee rühren lassen, um sexuelle Aktivitäten zu unterbinden, ohne dass die Truppe dadurch anderweitig schlapp würde, ins Reich der Legende.

Etwas Brom nehmen wir aber tatsächlich mit unserer Nahrung auf, verglichen mit den Salzen des dreihundertfünfzigmal häufigeren Chlors jedoch wenig. Eine Ausnahme machen nur Liebhaber hawaiianischer Küche. Eine wichtige Zutat ist dort Limu Kohu, eine Meeresalge der Art *Asparagopsis taxiformis*, deren ätherisches Öl einige Zehntelprozent Bromaceton enthält. Die Rezepte empfehlen, Limu Kohu nur sparsam zu dosieren.

Mangan

Die Nackensteaks vom Discounter sind schon etwas grau, riechen vielleicht schon? Kein Grund, die Grillparty abzusagen, schließlich gibt es Kaliumpermanganat: Einige der schwarzvioletten Kristalle in Wasser geben, das Problemfleisch einige Stunden einlegen, schon ist es optisch wie olfaktorisch wieder fit. Brät man es dann gut durch – und ist genügend Bier da – merkt keiner was.

Übermangansaures Kali nannten unsere Urgroßeltern die Substanz, mit der sich auch gegen Mundgeruch gurgeln ließ, wobei allerdings braune Flecke auf den Zähnen zurückblieben. Dieses »Braunstein« genannte Oxid ist die Form, in der man das Element Mangan in der Natur zumeist antrifft. Es ist auch der Hauptbestandteil der von Bakterien in der Tiefsee gebildeten Manganknollen. Pläne, sie von dort zu fördern, scheiterten in den 1970ern weniger an wachsendem Umweltbewusstsein als an der Entwicklung der Rohstoffpreise. Um das Mangan in den Knollen ging es dabei allerdings nie, sondern um die Beimengungen von Kupfer, Cobalt und Nickel. Mangan dagegen ist auf der Erde nach Eisen das zweithäufigste Schwermetall.

Den Überfluss hat sich die Biosphäre zunutze gemacht. Mangan ist für fast alle Lebewesen ein essentielles Spurenelement. Bei Pflanzen etwa ist es an der Photosynthese beteiligt. Auch Menschen brauchen Mangan, wobei zu viel auch wieder nicht gesund ist, vor allem, wenn man es als Staub einatmet. Dann drohen Nervenleiden mit Symptomen, die der Parkinson'schen Krankheit ähneln. Das passiert aber allenfalls Arbeitern in der Stahlindustrie, wo Mangan vor allem als Hilfsmittel bei der Eisenverhüttung dient und, in weit geringerem Umfang, als Legierungsbestandteil.

Im Alltag hat das Mangan an Sichtbarkeit eingebüßt, seit das übermangansaure Kali im Lebensmittelsektor nur noch von Gammelfleischmafiosi appliziert wird. Die Illegalität dieser Praxis ist aber nicht der Grund, warum das Kaliumpermanganat seit einigen Jahren aus Chemiekästen verschwunden ist und auch Apotheker es nur noch ungern herausrücken. Dies liegt eher daran, dass sich damit zusammen mit einer anderen Haushaltschemikalie schöne, aber nicht ganz ungefährliche Reaktionen herbeiführen lassen, auf die aus Jugendschutzgründen hier nicht näher eingegangen werden kann.

Fermium

Die Zahl 100 scheint uns so besonders, weil wir zehn Finger haben. Wären es nur neun, würde uns der Bundespräsident zum 81. Geburtstag gratulieren und Gott hätte die letzten beiden der Zehn Gebote wohl zu einem zusammengefasst. Trotzdem, in einer Hinsicht ist die 100 auch ohne den Menschen etwas Besonderes: Das Element mit 100 Elektronen in der Hülle ist wahrscheinlich das schwerste, das je in der Natur gebildet wurde. Denn dort entstehen Elemente, die schwerer als Eisen sind, aus leichteren, wenn sie in einer Supernovaexplosion Neutronen anlagern – und die theoretische Obergrenze für diesen Prozess liegt nach Schätzung von Experten beim Element Nummer 100, dem Fermium.

Supernovae können Physiker noch nicht zünden. Aber fürs Fermium – es ist nach dem bedeutenden Physiker Enrico Fermi, einem der Väter der amerikanischen Kernwaffe, benannt – reicht auch eine Wasserstoffbombe. Tatsächlich wurde das erste Fermium 1953 in Korallentrümmern gefunden, zu denen die thermonukleare Testexplosion »Ivy Mike« das Südsee-Inselchen Elugelab pulverisiert hatte.

Zum Glück lassen sich Nanogramm-Mengen des chemisch mit dem Erbium verwandten Metalls auch in speziellen, auf hohe Neutronenflüsse getrimmten Atommeilern gewinnen. Ein solcher Hochflussreaktor steht am Oak Ridge National Laboratory in Tennessee. Von dort ließen sich 2002 Forscher der Universität Mainz etwas Fermium-255 liefern, um die Atomhülle des Elements mit Lasern zu studieren. Da Fm-255 mit einer Halbwertszeit von zwanzig Stunden zerfällt, war es ein eiliger Transport, der durch die Tatsache erschwert wurde, dass sich amerikanische und deutsche Fluglinien weigerten, die radioaktive Fracht zu befördern. So musste die Lieferung auf dem Umweg über Zürich erfolgen, trotzdem kamen noch 27 Milliarden Atome in Mainz an, und so wurde Fermium das schwerste Element, bei dem eine solche Untersuchung bisher unternommen werden konnte.

Den Rekord wird so schnell niemand brechen, denn schwerere Elemente als Fermium sind nur durch Kollisionen von Atomkernen in Beschleunigern zu gewinnen – in Portionen von wenigen Atomen, die in Minuten zerfallen. In der Natur hat es Transfermium-Elemente wahrscheinlich nie gegeben.

Stickstoff

Es ist vielleicht das am meisten unterschätzte Element. Auf den ersten Blick ist das Gas, aus dem das Gros unserer Atemluft besteht, ein echter Langweiler: keine Farbe, kein Geruch, unbrennbar. Nicht mal zum Treibhausgas taugt es.

Tatsächlich ist elementarer Stickstoff eine äußerst träge Chemikalie. Das liegt an der einmalig festen Dreifachbindung, die zwei Stickstoffatome zu einem Molekül verklebt. Sie ist kaum zu knacken, in der Natur schaffen das nur wenige Mikroorganismen, die in den Wurzeln bestimmter Pflanzen gedeihen. Ihnen verdankt die Biosphäre viel, denn ohne chemisch zugänglichen Stickstoff ist Leben undenkbar. Denn das Element steckt in den Aminosäuren, aus denen sich die Proteine aufbauen – das »Amino« im Namen verweist darauf. Es klingt auch in »Ammoniak« an. So heißt eine fragwürdig riechende Stickstoff-Verbindung, deren Lösung, der Salmiakgeist, wegen ihrer Giftigkeit nicht mehr so gerne als Haushaltsreiniger verwendet wird wie früher. Auch andere auf Stickstoff verweisende Präfixe wie »Azo«, »Cyano« oder »Nitro« haben keinen gesunden Klang. Oft zu Recht: Mit Dimethylaminoazobenzol färbte man einst

Butter gelb, bis sich herausstellte, dass es krebserregend ist. Direkter töten die Cyanide, die Salze der Blausäure.

Offenbar steht also der träge Stickstoff, wenn er einmal zur Verbindung mit anderen Stoffen gezwungen wurde, mit seinen Partnern im Molekül in spannungsreichen Beziehungen, was sich dann häufig in chemischer Aggressivität äußert. Richtig krachen lassen es manche Stoffe mit einem »Nitro« im Namen. Wobei die Sache mal wieder zwei Seiten hat: Nitroglycerin ist auch ein probates Herzmedikament, denn es setzt Stickoxid (NO) frei, das die Durchblutung steigert; übrigens ist das auch das Prinzip, nach dem Viagra funktioniert.

Von einem anderen Stickoxid mit dem niedlichen Namen »Lachgas« werden wir in Zukunft vielleicht noch öfter hören. Seit der Mensch von den erwähnten Mikroben unabhängig geworden ist, weil er gelernt hat, atmosphärischen Stickstoff künstlich zu binden und mit dem Resultat im großen Stil seine Felder zu düngen – auch die für Biosprit-Pflanzen –, seitdem steigen die Lachgas-Emissionen. Als Lachgas ist atmosphärischer Stickstoff zwar immer noch farblos. Aber er ist ein sehr potentes Treibhausgas.

Curium

Radioisotope haben nicht überall den besten Ruf. Doch aus Medizin und Forschung sind sie kaum mehr wegzudenken. So wurden etwa etliche Minerale auf dem Planeten Mars mit Hilfe von Curium-244 identifiziert, das man den fahrbaren Sonden »Spirit« und »Opportunity« mitgegeben hatte: Dabei dringen Alphastrahlen aus einer Curium-Probe an den Roboterarmen der Sonden ins Marsgestein. Manche werden dabei zurück-reflektiert und verraten durch ihre Energie etwas darüber, wie viel von welchen Elementen der Fels enthält.

In den Mars-Rovern kommen winzige Mengen von Cm-244 zum Einsatz. Dabei lassen sich davon durchaus ganze Brocken herstellen. Denn Cm-244 und andere Isotope des nach der Radiochemie-Pionierin Marie Curie benannten Transurans bilden sich in Kernreaktoren. Curium ist das schwerste Element, von dem auf diese Weise Grammmengen gewonnen werden können. An Anlagen wie dem Hochflussreaktor des Oak Ridge National Laboratory wird gezielt Curium produziert – hauptsächlich, um daraus durch Bestrahlung Californium herzustellen, das für tragbare Neutronenquellen gebraucht wird.

Allerdings: Mit sichtbaren Mengen des silberweißen, an der Luft schnell anlaufenden Metalls ist nicht zu spaßen. Das in den Reaktoren neben Cm-244 entstehende Cm-242 zerfällt mit einer Halbwertszeit von 163 Tagen. Dabei setzt ein Stück von der Größe einer 1-Cent-Münze mehr als 500 Watt Hitze frei. Eine Lösung von nur 0,7 Gramm in einem Liter Wasser würde sich selbst zum Kochen bringen. So kommt es, dass viele Curiumsalze – etwa das graugrüne Tetrafluorid – erst als Verbindungen des 18 Jahre haltbaren Isotops Cm-244 stabil sind. Organische Curiumverbindungen sind sogar nur mit den sehr viel langlebigeren schwereren Isotopen des Elements zu machen. Enthielten sie Cm-244, würden sie von selbst verkohlen.

Curium ähnelt damit dem Stoff, den Hans Dominik 1934 – zehn Jahre vor der ersten Curiumsynthese – in dem Roman »Atomgewicht 500« beschrieb. Kein Wunder also, dass man auch versuchte, seine Zerfallsenergie nutzbar zu machen. Einige frühe Raumsonden waren mit Cm-242-Batterien ausgerüstet. Heute verwendet man dafür lieber Plutonium.

Selen

Milch lässt sich heute zwar nur noch bedingt als Naturprodukt bezeichnen, aber Gutes ist trotzdem drin, darunter auch das Element Selen.

Was denn daran gut sei, mag sich da fragen, wer einmal die Selentrommel eines alten Kopiergeräts als Giftmüll zu entsorgen hatte. Tatsächlich ist das graue Halbmetall – das erst bei Belichtung leitend wird und daher lange in der photoelektrischen Vervielfältigungstechnik eingesetzt wurde – ebenso toxisch wie die verschiedenen schwarzen und roten Formen, die das Element annehmen kann. Auch mit Verbindungen des Selens ist weit weniger zu spaßen als mit denen des engverwandten Schwefels. Selendisulfid etwa ist in Spezial-Shampoos enthalten, um als Fungizid Pilzen der Gattung *Malassezia* den Garaus zu machen. Die siedeln auf der Kopfhaut und lassen es bei übermäßiger Vermehrung verstärkt aus dem Schopf rieseln.

Ein Schluck Schuppen-Shampoo ist aber vielleicht die einzige Möglichkeit, sich im Alltag eine Selenvergiftung zuzuziehen. Mit Milch ließe sich die toxische Dosis nur durch den Genuss von mehr als 40 Litern am Tag erzielen. Andererseits:

0,8 Liter sollten es bei sonst selenfreier Kost mindestens sein, sonst drohen Mangelerkrankungen wie Herzmuskelschwäche, Rheuma oder grauer Star.

Selen ist nämlich trotz Toxizität bei höherer Dosierung ein essentielles Spurenelement, was evolutionsbiologisch insofern verblüfft, als es ziemlich selten ist, seltener etwa als Silber. Trotzdem tritt Selenmangel kaum auf – erst recht bei Bewohnern der Ersten Welt. Die kommen nicht nur leicht an selenreiche Lebensmittel wie Walnüsse oder Knoblauch, sondern sind auch durch die moderne Nutztierhaltung gut versorgt. Denn in naturbelassenem Viehfutter ist oft weniger Selen, als Nutztiere brauchen, um nicht krankheitsanfällig zu werden – oder es ist zu wenig bioverfügbar. Daher werden dem Tierfutter Selenverbindungen zugesetzt, seit einigen Jahren auch in Form sogenannter Selenhefen. Auf selenreichen Nährmedien kultiviert, produzieren sie die Aminosäure Selenomethionin, welche die Tiere in ihre Proteine einbauen. Dadurch dürfte auch unsere Supermarktmilch selenhaltiger sein, als sie es wäre, wenn man die Kühe nur auf naturbelassenen Wiesen grasen ließe.

Nickel

Nickel hat einen etwas zwiespältigen Ruf. Einerseits erinnert es an das populäre Element Eisen. Es lässt sich ähnlich gut schmieden, schweißen und polieren, und es ist ebenfalls ferromagnetisch, wird also von Dauermagneten angezogen. Außerdem treten beide Metalle oft zusammen auf: im Erdkern etwa und in Eisenmeteoriten, die nichts anderes sind als Brocken aus Kernen zerschmetterter Asteroiden. Im Kosmos ist Nickel zwar rund zehnmal seltener als Eisen, aber nach diesem das zweithäufigste Schwermetall. Beide Elemente haben besonders stabile Atomkerne – das Nickelisotop Ni-62 sogar den stabilsten überhaupt.

Chemisch allerdings sind die beiden sich nicht sehr ähnlich, was unser gespaltenes Verhältnis zum Nickel erklären könnte. Zwar rostet es nicht und wird daher vor allem in der Stahlveredelung eingesetzt, doch als Schmuckmetall kann es allergische Reaktionen hervorrufen. Andererseits ist metallisches Nickel ein wichtiger Katalysator in der Petrochemie, und dieses Potential ist wohl noch lange nicht ausgereizt: Neueren Untersuchungen zufolge könnte eine Nickel-Zink-Legierung bald die teuren

Palladium-Katalysatoren bei der Produktion von Ethylen erset-zen – immerhin der Ausgangsstoff für Polyethylen, das Plastik der Plastiktüten. Auch das dürfte das Nickel aber nur bedingt aufwerten, dessen Image auch die Partnerschaft mit dem Cadmium in bestimmten Batterietypen nicht eben zuträglich war.

Dabei sind Nickelsalze – obgleich ungesund und fast alle gift-grün – meist nur mäßig toxisch. Nickel ist sogar ein essentielles Spurenelement, wenn es auch lange keine so zentrale Rolle spielt wie sein blutbildendes Elementgeschwister Eisen. Tatsächlich könnte es das gar nicht. Die meist zweifach positiv geladenen Nickel-Ionen tun sich nämlich vergleichsweise schwer, ein drittes Elektron abzugeben und damit ihre Ladung zu erhöhen. Der leichte Ladungswechsel ist aber eine charakteristische Eigenschaft des Eisens und auch ein bestimmender Faktor für seine Rolle beim Sauerstofftransport im Blut. Außerirdische dürften daher kein Blut auf Nickelbasis besitzen. Nickel wird auch bei ihnen immer im Schatten des Eisens stehen.

Terbium

Effizienz ist eine Tugend menschlichen Ingenieurssinns. Die Schöpfung funktioniert so nicht. Da bilden sich Myriaden von Sternen, damit einer mal einen langfristig bewohnbaren Planeten bescheint, und einem Kastanienbaum wachsen Hunderte von Früchten, von denen nur ein paar überhaupt eine Chance zum Keimen bekommen. Genauso gibt es einige Elemente, die offenbar nur existieren, weil zwischen denen, die erdähnliche Planeten und Kastanien ermöglichen, eben noch Platz ist.

Das Terbium ist ein solches. Es verdankt sein Dasein den gleichen Naturgesetzen, die auch Kohlenstoff und Uran hervorbringen. Doch einem Universum ohne Terbium dürfte nichts Entscheidendes fehlen, jedenfalls nicht aus der Perspektive möglicher Bewohner.

Das weiche, an der Luft rasch anlaufende und mit dem Messer zerteilbare Metall gehört zu den für ihre chemische Unterkomplexität notorischen Elementen der Seltenen Erden. Und tatsächlich ist es auch physiologisch ebenso unschädlich wie unnütz. Seine Salze sind in gewöhnlichem Licht farblos – mithin für effektvolle Chemieversuche nicht zu gebrauchen –, und da es in der Erdkruste nicht häufiger vorkommt als Iod, chemisch aber anderen, häufigeren Seltenen-Erden-Elementen weitgehend gleicht, hält sich auch seine technische Bedeutung in sehr engen Grenzen.

Im Prinzip kann man es in Lasern verwenden. Terbiumdotiertes Yttriumphosphat war in manchen Farbfernsehröhren für das Grün verantwortlich. Und es ist Bestandteil von Terfenol-D, einer Legierung, die in einem Magnetfeld die Ausdehnung ändert. So was brauchen Marinetechniker für Hochleistungs-Sonargeräte. Aber gäbe es kein Terbium, wäre ihnen garantiert irgendetwas anderes eingefallen.

Ist Terbium damit überflüssig? Das wäre vielleicht ein wenig zu sehr in den Kategorien menschlicher Technik gedacht. Manche Terbiumsalze, etwa sein Oxalat, fluoreszieren bei der Bestrahlung mit ultraviolettem Licht in einem schönen Gelb. Wer es sieht, den freut es. Wie ein Blick zum Sternenhimmel. Oder auf Kinder, die Kastanien sammeln.

Hafnium

Vom Hafnium erzählt man sich seltsame Dinge. So soll sich mit einem Isotop des ungiftigen Schwermetalls Schlimmes anstellen lassen: Hafnium-178m2, ein sogenanntes Kernisomer, das pro Gramm so viel Energie abgibt wie bei der Explosion von 300 Kilo Dynamit frei werden. Allerdings entweicht sie dem Isotop mit einer Halbwertszeit von 31 Jahren. Trotzdem finanzierte das Pentagon Forschungen mit dem Ziel, diese Energie plötzlich freizusetzen. Waffennarren träumten schon von Gewehren mit der Feuerkraft schwerer Artillerie, andere sahen einmal mehr den Weltfrieden durch die Kernphysik bedroht.

Nun hat die amerikanische Regierung schon so einiges finanziert, was nach bekannten Naturgesetzen nicht praktikabel funktionieren kann, und die Hafnium-Bombe dürfte nach Ansicht vieler Physiker dazugehören. Die Industrie hingegen steht fester auf dem Boden der Tatsachen. Und so horchte die Computerwelt auf, als die Firma IBM Ende 2007 verkündete, ihre Chips bald mit einer Hafniumverbindung auszustatten, welche die Verlustleistung drastisch senken und danach eine weitere Miniaturisierung der Schaltkreise erlauben würde.

Etwas rätselhaft ist, warum die Superchips nicht mit dem viel häufigeren Zirconium funktionieren. Zirconium und Hafnium sind sich chemisch so ähnlich wie kaum zwei andere Elemente. Das deutete sich bereits 1922 an, ein Jahr bevor Hafnium – das immerhin häufiger ist als Brom oder Quecksilber – überhaupt entdeckt wurde. Da sagte Niels Bohr die Existenz des Elements voraus, das seinen Namen dann vom lateinischen Namen von Bohrs Heimatstadt Kopenhagen bekam. Im Schatten des Zirconiums blieb Hafnium dann auch, abgesehen von der Kerntechnik, wo die kostspielige Trennung der Metalle unerlässlich ist. Denn während Zirconium die kernspaltenden Neutronen besonders gut durchlässt und sich daher als Hüllmaterial für Kernbrennstäbe eignet, absorbiert das Hafnium sie besonders effektiv.

Nun aber will IBM das Hafnium aus dem Arkanum der Kernphysik in unseren Alltag der mobilen Elektroartikel führen. Die *New York Times* mutmaßte schon, auf Hafnium-Handys könne man sich problemlos ganze Spielfilme anschauen. Da sollte man doch schnell den Erwerb einiger Barren erwägen. Das Pentagon hat sicher noch welche.

Tellur

In der Antike waren es keine hundert, sondern nur vier Stoffe, aus denen man sich alles zusammengesetzt dachte: Feuer, Wasser, Luft und Erde. Keiner davon hat es in das moderne Periodensystem geschafft, nur einer ungefähr dem Namen nach. »Tellus« nannte man in altrömischer Zeit die Erde, meinte damit aber eher die zuständige Göttin. Besonders originell war es nicht, sie im 18. Jahrhundert zur Namenspatin eines neuentdeckten Halbmetalls zu machen, haben doch fast alle Elemente einen Erdbezug. Nur Helium wurde zuerst auf der Sonne entdeckt.

Besonders erdige Assoziationen weckt das Tellur auch nicht. Allenfalls eine gewisse Schwere und Trägheit kann man ihm nicht absprechen, vor allem wenn man es mit seinen munteren chemischen Verwandten Schwefel und Sauerstoff vergleicht. Das Tellur trägt eben bereits metallische Züge, die sich aber weitgehend auf die optische Erscheinung beschränken. Strom leiten die spröden, leicht pulverisierbaren Kristalle kaum. Macht man sie heiß oder beleuchtet man sie, wird es etwas besser – Tellur ist damit ein typischer Halbleiter, allerdings ein ziemlich teurer. In der

Erdkruste ist es 55 Millionen Mal seltener als Silicium und fast so selten wie Gold, zu dem es übrigens intime Beziehungen pflegt: Es ist das Element, bei dem sich das edle Metall noch am ehesten dazu herablässt, chemische Reaktionen einzugehen. Wo Goldverbindungen vorkommen, ist das rare Halbmetall meist dabei.

Doch das Tellur ist ebenfalls ziemlich etepetete. Für Biochemie jedenfalls ist es sich zu fein. Anders als das ebenfalls verwandte Selen ist es daher kein essentielles Spurenelement, sondern einfach nur giftig, wenn auch erst in höheren Dosen. Von der Einnahme von Tellurverbindungen ist allerdings auch so abzuraten: Viele Tellursalze wandeln sich im Körper in Tellurdioxid um, und das bildet dann Dimethyltellur, eine schwere, im Reinzustand gelbliche Flüssigkeit. Sie gehört zu den organischen Tellurverbindungen, die sogar unter hartnasigen Chemikern als extreme olfaktorische Zumutungen gelten. Inkorporiertes Dimethyltellur ist besonders perfide: Es verleiht dem Atem seiner Opfer einen intensiven Knoblauchgeruch, der noch über Monate anhält.

Neptunium

Uran und Plutonium haben vielleicht nicht viele Fans, aber wenigstens kennt sie jeder. Auch wenn sie oft in einem Atemzug genannt werden, sind die beiden im Periodensystem keine Nachbarn, sondern flankieren ein weiteres radioaktives Schwermetall weit geringerer Prominenz. Da aber zwischen den Planeten Uranus und Pluto der Neptun liegt, ist wenigstens der Name dieses Elements nicht schwer zu merken.

Neptunium ähnelt seinen beiden Nachbarn in so manchem. Wie Plutonium kommt es in der Natur praktisch nicht vor, sondern entsteht in Kernreaktoren: Eine Tonne abgebrannter Brennelemente enthält gut 500 Gramm Neptunium-237. Das ist deutlich weniger als die 8,5 Kilo Plutonium, was erklärt, warum das Element noch keine so große Presse hatte. Dabei trägt Np-237 mit seiner Halbwertszeit von 2,1 Millionen Jahren dazu bei, dass Atommüll so lange gefährlich bleibt. Und wie das amerikanische Energieministerium 1992 zugab, lassen sich mit Neptunium durchaus Atombomben bauen.

Im Jahr 2002 haben Messungen ergeben, dass die kritische Masse, die man für eine Neptunium-Bombe zusammenbringen müsste, mit etwa 60 Kilo kleiner ist als zuvor gedacht und kaum mehr als bei Verwendung des klassischen Bombenisotops U-235. Obwohl nukleare Bösewichte das Neptunium erst mal aus Atommüll abzutrennen hätten, macht man sich international nun gewisse Sorgen. Denn inzwischen haben sich erkleckliche Mengen angesammelt.

Bislang aber ist der einzige Nutzen des Neptuniums freundlicher Natur. Durch Bestrahlung mit Neutronen erhält man das (waffenuntaugliche) Plutonium-238, das in Isotopenbatterien als kompakte und über viele Jahrzehnte sprudelnde Energiequelle für Raumsonden zu den äußeren Planeten dient.

Raum zum Forschen bietet das Neptunium allerdings selber noch, und zwar den Chemikern. Zwar wurden schon viele farbenfrohe Verbindungen synthetisiert, etwa das leicht flüchtige blaue Neptuniumpentafluorid, doch das genaue Verhalten der fünf verschiedenen Sorten von Neptunium- und Neptunyl-Ionen in diversen chemischen Umgebungen ist erst zum Teil erforscht. Ganz akademisch ist das nicht, denn wenn etwa aus dem Atommülllager Asse kontaminierte Lauge leckt, dann ist da garantiert auch Neptunium drin.

Gallium

Unser westlicher Nachbar Frankreich ist eine große Chemiker-
nation und eine, in der man auch in der Wissenschaft nationale
Symbolik sehr schätzt. Daher ist sie mit dem Francium und dem
Gallium gleich doppelt im Periodensystem der chemischen Elemente verewigt. Allerdings will das Gerücht nicht verstummen,
Paul Emile Lecoq de Boisbaudran, der das Gallium 1875 als Erster isolierte, habe sich mit der Namenswahl nebenbei auch selber ein Denkmal setzen wollen, bedeutet »Le Coq« doch »der
Hahn«, lateinisch »Gallus«.

Die auffälligste Eigenschaft elementaren Galliums war in-
des schon 1869 bekannt. Da sagte Dmitri Mendelejew die Existenz eines aluminiumähnlichen Elements mit sehr niedrigem
Schmelzpunkt voraus. Tatsächlich wird Gallium schon bei
knapp 30 °C flüssig – und bleibt es bis über 2000 °C. Kühlt man
es ab, erstarrt es normalerweise erst bei –15 °C, weshalb das ungiftige Metall in Thermometern das Quecksilber ersetzen kann.
Dabei ist flüssiges Gallium schwerer als festes – eine Eigenschaft, die es mit dem Wasser, aber sonst mit nur wenigen Stoffen teilt. Auf einem warmen galliumreichen Planeten würden

eventuelle Metallmeere also im Winter von oben zufrieren wie unsere Ozeane.

Völlig undenkbar wäre eine solche Welt nicht, eine nicht allzu aggressive Atmosphäre vorausgesetzt, denn das Element ist nicht besonders reaktionsfähig und auch nicht seltener als Blei. Gebraucht wird es vor allem für das Halbleitermaterial Gallium-arsenid, mit dem sich besonders flinke Computerchips bauen lassen. Daneben nutzen es die Neutrino-Physiker, denn Atom-kerne des Isotops Gallium-71 sind probate Fallen für nieder-energetische Exemplare dieser flüchtigsten aller bekannten Ele-mentarteilchen. Der dritte Einsatzort des Galliums ist eher tris-ter Natur: Es macht Plutonium erst metallurgisch beherrschbar. Denn Dichte und Kristallstruktur reinen Plutoniums machen bei Temperaturänderungen extreme Sprünge. Erst der Zusatz von Gallium erlaubt es, Plutonium zu verarbeiten und damit Kernwaffen zu bauen. Das war übrigens eine der wichtigsten Informationen, die der Atomspion Klaus Fuchs seinerzeit aus Los Alamos nach Moskau meldete und damit Stalin die Atom-bombe ermöglichte.

Copernicium

Lange hieß es »Ununbium«. Das war ein vorläufiger Name, zu-
sammengeklebt aus den lateinischen Wortrümpfen »un« (eins)
und »bi« (zwei), um die Ziffernfolge »112« nachzubilden – die
Nummer des schwersten Elementes, dessen Entdecker der
International Union of Pure and Applied Chemistry (IUPAC)
bislang einen endgültigen Namen vorschlagen durften.

Die Entdecker waren wieder einmal die Physiker von der Gesellschaft für Schwerionenforschung (GSI) in Darmstadt. Sie
hatten die ersten Atomkerne bereits im Februar 1996 durch
den Beschuss von Blei mit Zinkkernen erzeugt. Aber erst im
Juni 2009 war ihre Priorität offiziell anerkannt, und vier Wochen
darauf verkündeten sie ihren Entschluss, das neue Element
nach dem gelernten Arzt und Kirchenjuristen Nicolaus Coper-
nikus zu benennen, der die neuzeitlichen Astronomie begrün-
dete. Der Name war bei der Drucklegung dieses Buches von der
IUPAC allerdings noch nicht bestätigt – und das vorgeschlage-
nen Kürzel »Cp« verstößt eigentlich gegen die 2002 erlassene
Richtlinie, nach der einmal inoffiziell benutzte und später ver-
worfene Elementnamen unzulässig sind. »Cp« war aber 42 Jahre

lang im deutschen Sprachraum als Symbol für das Cassiopeium in Gebrauch, für welches 1949 international der Name Lutetium beschlossen wurde.

Sofern die IUPAC deswegen nicht doch noch auf dem Symbol »Cn« besteht, war es das Isotop Cp-277, mit dem damals in Darmstadt das Element 112 ins Dasein trat. Es lebte keine Mikrosekunde, aber heute ist mit Cp-285 auch ein Isotop mit einer Halbwertszeit von 34 Sekunden bekannt – eine Ewigkeit im Reich der superschweren Elemente.

Anfang 2007 hat man aus Experimenten mit nur zwei Atomen des vier Sekunden haltbaren Copernicium-283 Erkenntnisse über die Chemie dieses Elements gewonnen. Anders als vermutet worden war, würden sich makroskopische Mengen davon nicht wie ein Edelgas oder ein halbleiterähnlicher Festkörper benehmen. Zumindest die Interaktion der zwei Atome mit einer Goldoberfläche zeigte, dass es ein flüchtiges Edelmetall ähnlich dem Quecksilber ist. Trotz der Größe seines Kernes, dessen elektrisches Feld die Architektur der Elektronenhülle stören und damit das chemische Verhalten beeinflussen könnte, folgt es damit dem Schema des Periodensystems der Elemente.

Es sind heute auch Elemente jenseits von 112 bekannt, bis hin zu Nummer 118, das vielleicht wirklich ein Edelgas ist. Doch die Daten reichen noch nicht. Ab Element 114 endet der radioaktive Zerfall aller bisher bekannten Isotope in spontanen Kernspaltungen. Die Zerfallsketten führen daher nicht eindeutig zu bekannten leichteren Isotopen, wie es für eine direkte Identifizierung erforderlich wäre. Schwerere Elemente als Nummer 112 kennt man daher noch nicht so sicher, dass die IUPAC ihre Benennung erlauben würde. Das ist der Grund, warum unser Streifzug durch das Reich der chemischen Elemente hier endet.

Nachwort: Das letzte Element

Nur etwa 100 Grundstoffe? Weiß man denn nicht genau, wie viele es sind? Das werden sich viele Leser angesichts des zu Beginn des Vorwortes wiedergegebenen Satzes gefragt haben, der in der ursprünglichen Zeitungsfassung die in diesem Buch versammelten Texte einleitete. Dass es schließlich genau 112 Elemente waren, denen wir begegnet sind, beantwortet die Frage allerdings auch nicht wirklich.

Denn offenbar muss man sich auch bei den elementaren Dingen fragen, was man nun dazuzählt und was nicht. Gewiss, die Zahl der chemischen Elemente ist abzählbar. Man nummeriert sie nach der Zahl der positiv geladenen Protonen in ihrem Kern, die bei elektrisch neutralen Atomen stets genau der Zahl der negativ geladenen Elektronen in der Hülle entspricht, und Letztere entscheidet fast allein darüber, wie sich so ein Element chemisch verhält. Aber verdient jedes dieser Elemente dadurch schon die Bezeichnung »Grundstoff«?

Entschlösse man sich etwa, nur die Stoffe dazuzuzählen, deren Atomkerne nicht radioaktiv zerfallen, ließe man nicht nur Radium oder das Uran außen vor, sondern auch das Bismut, das schon lange ein Gebrauchsmetall war, als man feststellte, dass es in Wahrheit instabil ist, nur eben mit einer irrwitzig langen Halbwertszeit. Zählte man dagegen die künstlich hergestellten Elemente nicht dazu, käme man etwa beim Technetium oder Plutonium ins Schleudern. Beide wurden zwar durch künstliche Kernumwandlung entdeckt, kommen aber in winzigen Mengen durchaus natürlich vor, wie sich später herausstellte. Bei weiteren Transuranen bis hin zum Fermium ist man sich einigermaßen sicher, dass sie bei Sternexplosionen gebildet werden. Soll man sie zu den künstlichen Elementen rechnen, nur weil sie zu schnell zerfallen, um auf der Erde heute noch vorhanden zu sein? Selbst Atome von Elementen jenseits des Fermiums dürften in der Weite des Alls auch ohne Zutun von Kernphysikern gelegentlich in zufälligen Kollisionen hochenergetischer Partikel entstehen, auch wenn man sie dort kaum je wird nachweisen können. Eine andere Frage ist, ob man denn wirklich alle Elemente der Seltenen Erden – Ytterbium, Terbium, Erbium und wie sie alle heißen – als eigene Grundstoffe ansehen soll. Chemisch sind sie sich ähnlich genug, dass man das für den Alltagsgebrauch auch bleibenlassen könnte. Aber mit welchem Recht würdigt man dann jedes einzelne Edelgas?

Man sieht, die Frage nach dem Wesen des Elementaren ist vertrackter, als man denken könnte. Den antiken Naturphilosophen dämmerte das schon recht bald. Nur ganz am Anfang der theoretischen Beschäftigung mit der Natur, im sechsten Jahrhundert vor Christus bei Thales von Milet und seinen Nachfolgern Anaximandros und Anaximenes, stellte man sich noch vor, alles bestehe letztlich aus einer Sorte Urstoff oder Urprinzip. Thales hatte das Wasser in Verdacht, Anaximenes die Luft, während Anaximandros meinte, es müsse etwas ganz anderes sein, das er das »Apeiron« nannte, wörtlich: »das, was kein Ende hat«.

Doch in den folgenden Jahrhunderten verkomplizierte das Nachdenken über die Frage, wie aus einem Urprinzip die Vielfalt des Stofflichen werden kann, das Bild immer weiter. Bei Empedokles von Akragas im fünften Jahrhundert vor Christus finden wir dann die bekannte Lehre von den vier Elementen Feuer, Wasser, Luft und Erde. Ein halbes Jahrhundert später skizziert Platon in seiner Schrift »Timaios« dafür eine erstaunlich moderne Theorie: Den empedokleischen Elementen entsprechen bei Platon vier Sorten atomarer Körper, die aus zwei Sorten von Dreiecken aufgebaut sind. Diese mathematische Struktur erlaubt eine Umwandlung auch elementarer Stoffe ineinander.

Durchgesetzt hat sich dann aber für fast zweitausend Jahre die Auffassung des Aristoteles, der nicht an Atome glaubte. Grundlegend sind für ihn vier Qualitäten (Warm, Trocken, Kalt und Feucht), aus denen sich dann die Elemente als Stoffsorten nur ableiten: Feuer etwa ist trocken und zugleich warm. Auch hier ermöglicht eine Neukombination der Qualitäten die Umwandlung der Elemente. Die Hoffnungen der Alchemisten, aus unedlen Metallen Gold oder Silber machen zu können, gründen sich auf diese Idee.

Erst zu Beginn des 19. Jahrhunderts fanden die Chemiker im Zuge quantitativen Experimentierens zu Platon zurück, genauer zu dem simpleren, dafür aber anschaulicheren Atomismus seines jüngeren Zeitgenossen Demokrit. Unter den Physikern jedoch blieb der Atomismus und damit die Frage nach dem eigentlichen Sitz des Elementaren bis Anfang des 20. Jahrhunderts heftig umstritten. Da hatte sich freilich der moderne Begriff des Elements als eines Stoffes, der sich chemisch nicht weiter zerlegen lässt, schon längst durchgesetzt, und Dmitri Mendelejew hatte die bekannten Elemente nach ihren Eigenschaften zu einer Tabelle angeordnet, dem Periodensystem. Die Lücken in der Tabelle erlaubten ihm, die Existenz und sogar manche Eigenschaften noch unbekannter Elemente vorauszusagen. Die Frage, was ein Element sei (und was nicht), wurde damit praktisch entschieden, nicht grundsätzlich beantwortet. Das hatte einerseits den Vorteil, die heiß debattierte Atomismusfrage nicht zu präjudizieren: Man konnte von Elementen reden, ohne sie als Atomsorten auffassen zu müssen. Andererseits stand die Einstufung eines Stoffes als Element damit unter dem Vorbehalt der chemischen Experimentierkunst. Und tatsächlich fand sich so manches Element, das keines blieb, als verbesserte Labormethoden es als Gemisch einander sehr ähnlicher Stoffe erwiesen.

Aber was ist das für ein Elementbegriff, der vom Stand der Technik abhängt? Die Frage ist nach wie vor aktuell, denn es ist keineswegs so, dass die Durchsetzung des Atomismus die Situation grundsätzlich geändert hätte. Denn kaum war auch der letzte Physiker von der Existenz kleinster Materieteilchen überzeugt, da zeigte sich, dass diese eine innere Struktur besaßen. Die erste künstliche Herstellung eines neuen Elementes 1937 und die Entdeckung der Kernspaltung im Jahr darauf waren zwar wissenschaftliche Sensationen, aber ein Weltbild brach dadurch nicht zusammen. Die Elemente blieben damit nur chemische Elemente, ohne den Status letzter Bausteine der materiellen Wirklichkeit.

Also geht die Suche nach den Grundbausteinen auf der tieferen Ebene der Teilchen und Felder weiter. Dabei kommt man naturgemäß wieder nur so weit, wie die Instrumente in den Mikrokosmos vordringen. Und wie einst die chemischen Elemente durch die Fortschritte der Experimentierkunst immer mehr wurden, wuchs nach dem Zweiten Weltkrieg der Teilchenzoo der Physik. Durch neue theoretische Modelle, die viele dieser Teilchen als aus anderen zusammengesetzt beschreiben konnten, schrumpfte der Zoo gegen Ende der 1960er Jahre zwar wieder, doch wird er heute noch von mehr als zwei Dutzend Grundpartikeln bevölkert.

Angesichts dieser Menge gibt es an der Elementarität dieser Elementarteilchen natürlich Zweifel. Aber auch vier Grundbausteine wären den Physikern schon drei zu viel. Denn 2600 Jahre nach Thales verschmilzt heute die Suche nach dem materiellen Urgrund wieder mit der nach der einen fundamentalen Theorie der Natur überhaupt. Viele Physiker hoffen hier auf die Stringtheorie, die versucht, die diversen Teilchentypen als Schwingungen verschiedener Frequenzen kleinster ausgedehnter Entitäten (der Strings) aufzufassen, denen allerdings unabhängig von ihren Schwingungen nicht das zukäme, was man Existenz nennt.

Das ist nun eine Vorstellung, an der Platon seine helle Freude gehabt hätte. Denn sie löst die materielle Wirklichkeit am Ende in mathematische Strukturen auf – Dreiecke hier, Schwingungen dort –, bei denen die Unterscheidung von Beschreibung und Beschriebenem keinen Sinn mehr hat. Sollte so etwas wie die Stringtheorie einmal formuliert werden können – und das ist keineswegs sicher –, hätte man zwar einen letzten, unhintergehbar elementaren Stoff gefunden. Doch er wäre eigentümlicherweise nicht mehr im traditionellen Sinne materieller Natur, sondern wäre das Produkt der Natur und der mathematischen Beschäftigung mit ihr.

Register der Elemente

Orts- und Namenregister

Erfolglos vorgeschlagene oder nicht mehr gebräuchliche Elementnamen

Ulf von Rauchhaupt
Der neunte Kontinent
Die wissenschaftliche Eroberung des Mars
288 Seiten. Gebunden, mit Farbbildteil

Die aufregende Geschichte von der Erforschung
des roten Planeten.

Kein Planet fasziniert uns Erdenbewohner so wie der Mars.
Liegt es daran, dass der Mars der Erde am ähnlichsten ist?
Seit sich im 17. Jahrhundert die ersten Fernrohre auf ihn rich-
teten, nährt sein geheimnisvolles Aussehen die wildesten
Spekulationen. Inzwischen gehört er nach der Erde zu den
bestuntersuchten Himmelskörpern überhaupt, doch das hat
den Spekulationen kein Ende gesetzt: Ist Leben auf dem
Mars möglich? Werden wir ihn eines Tages so bewohnen wie
die Erde? Welche Aufschlüsse geben all die Daten, die bisher
gesammelt worden sind? In seinem spannenden Buch gibt
Ulf von Rauchhaupt Auskunft und erzählt von einem faszi-
nierenden Planeten und seiner wissenschaftlichen Erforschung.

S. Fischer

fi 1-062938 / 1

Martin Bojowald
Zurück vor den Urknall
Die ganze Geschichte des Universums

344 Seiten. Gebunden

Seit Einstein war der »Urknall« die letzte Grenze, hinter die
kein Physiker zurück konnte. Hier beginnt für uns das Universum. Doch was war vorher?

Der junge Physiker Martin Bojowald hat in der Fachwelt
Aufsehen erregt, weil es ihm mit einer Reihe von Gleichungen
gelungen ist, über den Urknall hinauszukommen. Plötzlich
sind Einblicke in das möglich geworden, was vor dem Urknall
war – mit verblüffenden Erkenntnissen über eine aufregend
unbekannte Welt mit negativer Zeit, »umgestülpten Raum-
verhältnissen« und einem Kosmos, der sich zusammenzieht,
um nach dem »big bang« zu expandieren.

In seinem Buch erklärt Martin Bojowald anschaulich die physikalischen Hintergründe seiner Theorie. Er nimmt seine Leser mit auf eine atemberaubende Reise durch die heutige Kos-
mologie, zurück zum Ursprung des Universums – und in die
Zeit davor.

»Ein deutscher Physiker hat sich aufgemacht,
Einsteins Werk zu vollenden.«
Der Spiegel

»Ein spannendes Abenteuer, den Gedankengängen
in diesem Buch zu folgen.«
Frankfurter Allgemeine Zeitung

S. Fischer

fi 1-003910 / 1